# 科学简史

[英] 尼古拉·查尔顿 梅瑞迪斯·麦克阿德 著 李一汀 译

## THE GREAT SCIENTISTS
## IN BITE-SIZED CHUNKS

中国友谊出版公司

图书在版编目（CIP）数据

　科学简史 ／（英）尼古拉·查尔顿，（英）梅瑞迪斯·麦克阿德著；李一汀译. —— 北京 ：中国友谊出版公司，2018.5

　书名原文：The Great Scientists in Bite-sized Chunks

　ISBN 978-7-5057-4385-4

Ⅰ . ①科… Ⅱ . ①尼… ②梅… ③李… Ⅲ . ①自然科学史－世界－普及读物②科学家－列传－世界－普及读物 Ⅳ . ①N091-49②K816.1-49

中国版本图书馆CIP数据核字(2018)第111260号

著作权合同登记号 图字：01-2018-3856 号

©Michael O'Mara Books Limited 2015

| | |
|---|---|
| 书名 | **科学简史** |
| 著者 | [英] 尼古拉·查尔顿　梅瑞迪斯·麦克阿德 |
| 译者 | 李一汀 |
| 出版 | 中国友谊出版公司 |
| 发行 | 中国友谊出版公司 |
| 经销 | 新华书店 |
| 印刷 | 北京文昌阁彩色印刷有限责任公司 |
| 规格 | 710×1000毫米　16开 |
| | 15印张　165千字 |
| 版次 | 2018年11月第1版 |
| 印次 | 2018年11月第1次印刷 |
| 书号 | 978-7-5057-4385-4 |
| 定价 | 49.80元 |
| 地址 | 北京市朝阳区西坝河南里17号楼 |
| 邮编 | 100028 |
| 电话 | (010) 64668676 |

版权所有，翻版必究

如发现印装质量问题，可联系调换

电话 (010) 59799930-601

# 目  录

# 引　言

　　如今，我们所说的科学包含两层意思：一是对我们周围世界进行的调查研究，二是进行这类调查研究所采用的方法——科学方法。科学的不同分支差不多涵盖了对宇宙中万事万物的探索，从宇宙之起源到其中最为微小的粒子，从人体到岩石及矿物，从闪电的力量到诸如 X 射线、放射性以及重力这类看不见的隐秘力量。

　　我们人类最早的祖先可能曾经仰视夜空，并思考着这世界是如何形成的，或者他们曾经收集过最早的一批药用植物，但相对而言，科学方法是较为新鲜的事物。很多早期的研究者只不过就某事提出了自己的特定假设，但他们未曾想过要认真仔细地实施某些可以一再重复从而得出相同结果的实验，并以此达到检测理论的目的。时至今日，如果一名科学家不能就某一新理论提供经过全面彻底检验的证据，那简直令人难以想象。在某些学科中，比如天文学吧，人们并非总有可能开展一些实验，但依然可以通过对事件的预测和观察来验证或否决一项假设。

某种形式的实证科学方法拥有一批早期的支持者，其中就包括古希腊哲人科学家、阿拉伯的光学专家伊本·艾尔-海什木、中世纪的英国僧侣罗吉尔·培根以及意大利的天文学家伽利略·伽利雷。不过直到17世纪，伴随着科学史上最伟大人物之一——艾萨克·牛顿采取的新做法，人类在科学态度方面才发生了重大转变。他提出了囊括各项命题和实验的"推理规则"，很快，所有的自然研究者都采纳了他的这种方法。

在绝大多数科学学科中，人们认为某项已经证实的假设或可被视作为一种科学"真理"，直至某项新理论将其证伪并提出一项新的范式时才会被推翻。科学正以这种新旧理念不断更迭的方式得以发展壮大。其中数学是一个例外，在数学里，一旦某项定理被证明为真，它就永远为真，人们永远无法将其证伪。事实上，尽管从包含系统性及规范性知识的广义角度来说，数学也是科学，但它依然和自然科学相差甚远——后者研究的是物质宇宙。自然科学搜集的是实证证据，以此构思并完善有关物质宇宙方方面面的各项描述或模型，而数学则就各种必然真理收集证明。尽管如此，数学为自然科学提供了一种其所渴求的用于描述并分析宇宙的语言，从这方面讲，数学和科学紧密相连。

诸多的科学发现和进步都促成了技术变革，有鉴于此，科学往往也与技术相伴相生：电灯泡的发明被归功于托马斯·爱迪生，但其实这有赖于数个世纪以来人们对电的科学探索；对宇宙空间的探索向我们提供了历法以及应用于宇宙飞船的先进陶瓷工艺。科学发展为人类带来种种福祉，上述之例仅为沧海一粟，从医学技术到计算机技术，再到我们无法离手的智能手机，科学已然在方方面面影响了我们的日常生活。

　　当然，若少了那些热衷于探索发现世界运行规律的人们，科学也将无以为继。本书将横贯历史，向您展示那些伟大科学家的风采，正是在他们的引领之下，我们才形成了对宇宙的理解。

# 第一章

## 天文学和宇宙学：
### 科学的宇宙观

上古时代人类试图通过观察天体来理解宇宙，现在的天
文学家借助仪器发现了更多未知。此外，他们还发现了
宇宙中无法被任何望远镜观测到的部分……

自上古时代起，人类就已试图通过观察我们世界之外的物体——太阳、月亮、各种恒星和行星，来理解这个宇宙。巴比伦和埃及文明早就意识到，某些天文事件会重复发生且拥有循环周期，于是绘制了恒星定位图并对种种天体事件进行了预测，诸如交食（天体的部分或全部受其他天体的遮掩而变得晦暗）、彗星、月亮以及最明亮恒星的运动，他们的记录构成了计时和导航的基础。

　　早在他们进行数世纪的观察之前，古希腊人就已用神话人物的名字来命名各种星群或星座，诸如用俄里翁（海神波塞冬的儿子，一位年轻英俊的巨人）命名猎户座，用卡斯特与帕勒克这对孪生神灵命名双子座。托勒密在公元 1 世纪罗列了 48 个西方星座，如今，它们已成为人们在浩瀚夜空中的导航工具。罗马人也以类似的方式命名了我们的一些行星：用墨丘利（罗马神话中为众神传递信息的使者）命名了水星，用维纳斯（希腊神话中爱与美的女神）命名了金星，用玛尔斯（罗马神话中的战神）命名了火星，用朱庇特（罗马神话中的宙斯神）命名了木星，用萨杜恩（罗马神话中的农业之神）命名了土星。由于反射了太阳的光芒，在天空中，这些行星看起来犹如璀璨的"恒星"。

17世纪，人们发明了光学望远镜，这永远地改变了地球中心论的观点。很快，人们便清晰地意识到，宇宙远比曾经想象的要广袤。进一步深入地探究宇宙空间后，天文学家发现了太阳系内更多的行星（天王星和海王星）、小行星、爆破彗星、卫星（诸如月亮）、矮行星（诸如冥王星）、气体云、宇宙尘，以及全新的星系。

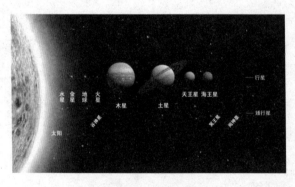

太阳系主要天体的相对大小

威廉·赫歇尔发现
天王星的望远镜复制品

如今的天文仪器五花八门，包括可以探测来自遥远宇宙物体辐射的星载望远镜以及可以从其他行星带回信息的航天探测器。有了这些仪器的武装，天文学家发现了更多的未知：构成我们宇宙的物质粒子和作用力，恒星、行星和星系进化演变的过程以及宇宙的发端。此外，他们还发现了宇宙中无法被任何望远镜观测到的很大一部分，这种"暗物质"已被证明为天文学中的最大谜团之一。

## 早期恒星录：甘德

人们认为，中国的天文学家甘德（约公元前400—前340）以及与他同时代的石申是历史上最早有名字记载的编制出恒星列表或者说恒星录的天文学家。甘德生活在古代中国动荡不安的战国时代。木星是我们太阳系中体型最为巨大的行星，它拥有着明亮的可见光，其规律的十二年运行轨道穿越天空，这被用来纪年，于是木星也就成了集中观察和预测的焦点。在没有望远镜的年代，甘德及其同僚不得不凭借肉眼观测，不过，他们完成了精确的计算，这引领其在最佳时机完成了天文观测。

在中国大陆上方的夜空中，甘德观测并分类编录了超过1000颗恒星，此外，他还识别了至少100个东方星座。200年后，希腊天文学家希帕克斯（Hipparchus）编制了第一本为人知晓的西方恒星录，其中包含了约800颗恒星，与之相较，甘德的恒星录更为综合全面。

甘德确切观察到了木星四大卫星中的一颗，这是世界上已知的关于木星卫星的首次观测记录——伽利略·伽利雷于1610年用最新研制的望远镜方才正式"发现"这些卫星，这比甘德的记录晚了很多年。

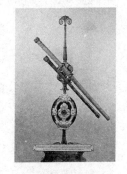

伽利略制作的望远镜

石申和甘德是第一批近乎精确地将一年测算为365¼天的天文学家。在公元前46年，尤里乌斯·恺撒聘用了亚历山大的希腊天文学家索西琴尼（Sosigenes），令其重新调整罗马历法，以便其测量更为精准，此后的欧洲和非洲北部一直使用这部由此生成的罗马儒略历（Julian calendar，尤里乌斯·恺撒在公元前46年制定的一个官方的365天的历法），直至1582年出现的格里高利历（the Gregorian calendar）将其取而代之，后者一直沿用至今。

## 以地球为中心的宇宙观：亚里士多德（Aristotle）

公元前4世纪，古代中国的诸个列国正为霸主之争沐浴在战火中。与此同时，希腊古典文化则传遍了地中海东部为数众多的殖民地，这为支撑西方思想走入近代奠定了基础。

希腊人感觉自己身处宇宙的中心，而夜空的景象加强了他们的这种信念。天空中的星辰升起降落，它们似乎正在进行着围绕地球的旅程（这造成了一种地球围绕自身轴线旋转的错觉：各种恒星在天空中向西移动，这似乎仅仅是因为地球向东旋转而已）。

他们确认了一些"游星"，其位置相对于背景中闪闪发光的"恒星"发生着移动。这些漫游之星包括太阳、月亮以及我们太阳系中五颗当时已被人知晓的行星：水星、金星、火星、木星以及土星。希腊人得出一条结论，宇宙由地球和一些天体组成，前者是一个完美的球体（并非如太古文化所想的那般平坦），它固定处于万物的中心，后者包括太阳和一些可见的行星——它们环绕地球，在轨道中进行着正圆匀速运动。这些"恒星"位于外天球——在 19 世纪之前，天文学家并未关注过这些遥远恒星的真实运行情况。

伟大的自然哲学家兼科学家亚里士多德针对这种"地心说"补充了自己的观点。他推理指出，大地和天空是由五种元素构成的：四种大地元素（土、气、火和水）以及第五元素，一种充斥于天空并包含围绕地球同心壳层中的物质，也被称作以太。每个以太的同心壳层都含有一个天体，其围绕地球进行正圆匀速运动，位于天球最外层的那些恒星都是固定的。那些大地元素形成、衰退并死亡，但天空保持完美不变。

亚里士多德的宇宙观被阿拉伯世界接受并于中世纪被再度引入受基督教影响的欧洲。

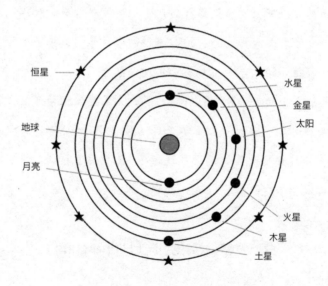

**地心论的宇宙模型是古希腊的盛行观点**

# 亚里士多德（公元前 384—前 322）

亚里士多德是古希腊知识界的一名巨匠，其观点对西方世界产生了持久的影响。他出生于马其顿的一个医学世家，也是位于雅典的柏拉图学园的明星之一。

他之所以离开雅典，可能是因为未能在柏拉图死后被任命为学园院长，也可能是因为菲利普发起的马其顿扩张战争使得马其顿人不受欢迎。不过，当亚历山大大帝——菲利普的儿子，也是亚里士多德的学生——征服了所有希腊城邦之后，亚里士多德于公元前 335 年或前 334 年返回了这座城市。

亚里士多德在雅典创办了自己的吕克昂学园，在当时已被定义的几乎所有学科继续开展广泛的研究。他教学和辩论的方法是一边和学生散步，一边与其讨论各种学问，正因如此，亚里士多德学派的学者也被称为逍遥派学者。

亚历山大大帝死后，针对马其顿人的反感情绪复燃，亚里士多德开始了逃亡。据说这是因为他援引了 70 年前哲学家苏格拉底被判死刑的案例，并说道："我不想让雅典人再犯第二次毁灭哲学的罪孽。"

## 分点岁差：希帕克斯（Hipparchus）

紧随着亚历山大大帝的胜利，希腊古典文化流向东方，启发了一批学者，其中就包括尼西亚（在如今的土耳其）的希帕克斯（约公元前 190—前 120 )。

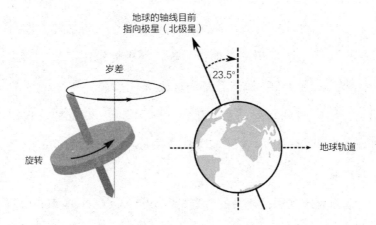

地球的轴线目前
指向极星（北极星）

23.5°

岁差

旋转

地球轨道

分点岁差——地球和地轴倾斜呈 23.5 度角，
它在旋转时就会如同一个陀螺般发生摇摆，不过速度非常缓慢：
一个摇摆（或者一个岁差周期）耗时 2.6 万年。
这种摇摆影响着昼夜平分点，或者季节的时间划分。

希帕克斯着手编制了一本恒星录，与此同时，他注意到各颗恒星的位置和早先的记录并不吻合：两者间存在着一个预料之外的系统性移位。他探测到地球在围绕自身轴线旋转时的"摇摆"——不妨想象一下，旋转陀螺顶部出现的缓慢摇摆，其自转轴会沿着一个圆形轨道运转。由地球摇摆造成的这样一种环行周期大约为 2.6 万年——希帕克斯经过相当精确的计算得到了这个数字。

该摇摆导致的昼夜平分点要比预期参照"恒星"时出现得略微早一点，正因如此，他将这种摇摆命名为分点岁差。

随着时间的变迁，在这种偏差的影响下，古代历法体系中四季的出现时间各不相同。这些历法体系中的一年是以太阳运行规律进行的测量为基准的（"恒星年"），这恰好是我们从地球观测（或者，如我们现在所知，地球围绕太阳运行一周的耗时），太阳从天空中由某颗恒星标注的位置再次旋转运动到同一位置所花费的时间。希帕克斯发明了测定年的一种新方法，并由此解决了这个问题，这就是所谓的"回归年"，或者是表面上太阳旋转过程中连续两次通过相同分点的时间间隔。回归年约比恒星年短20分钟，它构成了我们现代格里高利历的基础。这就确保每年之中，四季都能在相同的历月出现。

希帕克斯利用巴比伦的数据精准地计算出了恒星年和回归年的时长：确实，他的计算要比250年后托勒密精确得多，这也表明，希帕克斯远远领先于他所处的时代。

## 一个数学的宇宙：托勒密（Ptolemy）

托勒密出生于1世纪末期，是最后一位伟大的古希腊天文学家，他也采纳了地球位于宇宙中心的地心论。他的贡献在于创造了第一个能够通过数学术语解释并预测太阳和各大行星运动的宇宙模型。他的模型似乎解答了一个已然困惑了希腊人长达 1400 年之久的问题：如果一颗行星围绕着处于宇宙中心的地球旋转，那么为什么有的时候，相对于其背后"恒星"的位置，这颗行星似乎是向后运动的呢？

尽管托勒密对此深信不疑，但为了以数学方法解释天体的运动，他不得不违背自己的规则进行假设，地球并非处于行星轨道的正中心。从实用主义出发，托勒密及其追随者们接受了这种移位差，它被认为是"偏心圆"，但这不过是地心说这种重要理论中的一个小插曲而已。

托勒密结合采用了三种几何结构。其中第一种——偏心圆并无什么新奇，他的第二种结构周转圆亦是如此。这就表明，各颗行星并非简单地沿着大圈，而是沿着小圈，或者说是沿着周转圆围绕地球运转的，反过来，它们其实围绕着一个以地球为核心（偏心的）更大圆（均轮）的圆周旋转。周转圆领域的研究进展解释了行星为何有时似乎会向后移动，或者说"逆行"（参见下页图解）。

托勒密的第三种几何结构——偏心匀速圆——是富有革命性意义的。托勒密发明这种结构，旨在解释行星为何有时看起来会移动得越来越快或越来越慢，而非如从地球上观测的那样匀速前进。他提出，周转圆在其较大圆（均轮）圆周上的运动中心既未对准地球，也未对准该较大圆的偏心圆中心，而是与一个第三点重合，这就是偏心匀速点，其和地球位置相对，且与该较大圆中心的距离也与地球相同。只有从偏心匀速点出发观测行星，它们才会呈现匀速运动。

以上三种数学架构（周转圆、偏心圆、偏心匀速圆）较为复杂，也无法令纯粹主义者们满意，但它们似乎可以解释天文学中某些令人困惑的问题，比如说行星的逆行，比如说为什么行星在某些不同时间会显得更加明亮，也因而似乎更加接近地球。这些数学架构合起来引发了人们对行星位置的种种预测，这些预测非常接近于现代的太阳中心论这种宇宙观，其认为，各颗行星是沿着椭圆形轨道围绕太阳运转的。

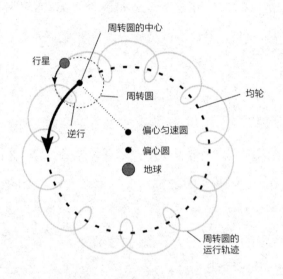

按照托勒密几何模型定位的地球并非处于行星轨道的正中心，
这似乎能够解释各颗行星的逆向（向后）运动。

托勒密的几何模型首先在中东，然后在西欧为人所接受。它与当时的宗教信仰相吻合，但凡有学者胆敢对其提出非议，严苛死板且颇具镇压性的天主教会将其判处死刑。不过到了 1008 年，阿拉伯的天文学家开始质疑托勒密的数据及观点，数世纪之后，人们明确发现，实际上托勒密伪造了某些观察记录以匹配他自己的理论。

# 托勒密（约83—161）

托勒密生活在埃及，当时那里还只是罗马帝国下辖行省之一。尽管他有着罗马名——克罗狄斯，但拉丁姓氏托勒密透露出他希腊后裔的身世，他也采用希腊语进行写作。托勒密在亚历山大港小镇观测天空，那个小镇拥有一座宏伟的图书馆，它犹如磁石一般吸引着所有学科的古代学者慕名前来。

从希帕克斯时代直至托勒密开始写作之时，其间，希腊天文学历经了一个长达200年的空档期，而且多亏了托勒密，我们如今才会知晓希帕克斯当时的工作成果。托勒密是一名伟大的集大成者，他承认自己在解释宇宙运作规律时采用了很多早先的理论。

## 阿拉伯世界的天文记录：阿尔巴塔尼（al-Battani）

阿尔巴塔尼是一位著名天文仪器制造者兼天文学家之子，在他生活的时代，穆斯林帝国鼓励人们努力学习，并使古希腊及罗马的科学和哲学维持着勃勃生机。身处东西方的交叉路口，穆斯林学者也同时接纳了来自中国和印度古老文明的观念，辅之以自身的种种发现，他们融会贯通地形成了一种知识体系，并在之后传入欧洲。

阿尔巴塔尼编制了一系列详尽的天文表，其中精密记录了太阳、月亮以及各大行星的位置，人们还可借此预测这些天体未来的位置。他的拜星者表（Sabian Tables）堪称当时可以获得的最为精准的天文表，并影响了后来的拉丁世界。

**日环食现象**

　　不同于早先其他的天文学家，阿尔巴塔尼在天文计算中并未采用什么几何方法，而是使用了三角法。令人叹为观止的是，他竟然在当时就精准测定了我们的一个太阳年为 365 天 5 小时 46 分又 24 秒，我们今日的测算数字是 365 天 5 小时 48 分又 45 秒，前者仅仅少了数分钟而已。此外，他还探有一个托勒密未曾注意到的新发现：一年之中，地球与太阳间的距离以及月亮与地球间的距离都在不断变化。鉴于此，他准确预测了日环食现象，这个时候，月球覆盖了太阳的中心，月球的边缘就出现了一个"火环之圈"。

　　阿尔巴塔尼受到高度赞誉，600 年之后出现的富有开创性的数学家兼天文学家尼古拉·哥白尼依然认可他的工作成果。

## 北极星导航：沈括

在 11 世纪，航海家们在导航时依赖于天体标志物以及对天体的观察，其中就包括北部的极星，或称为"北极星"。

北极星的位置大约和地轴方向一致，如果站在北极点上，那么它将恰好位于你的头顶。当地球绕地轴旋转时，位于地球北半球的观察者会有这样一种印象：各颗行星都围绕着地球旋转——只有北极星是个例外，它留在原地不动，于是也就成了地理北极理想的导航指针。人们也可通过测量北极星水平线以上的高度来确定纬度位置（北南坐标）。

自上古时代晚期起，北极星就一直扮演着北部极星的角色，但由于存在着分点岁差，地球围绕自身地轴旋转时会出现极为缓慢的摇摆，于是北极就会指向某个不同的极星。在约公元 3000 年时，它将指向少卫增八；在约公元 15000 年时，它会转向织女星，而在遥远的未来，北极星将再度成为极星。

中国的博学家兼政府官员沈括（1031—1095）及其同僚卫朴（活跃于 1075 年前后）在连续五年中每晚测量极星的位置。之后，他记录了中国磁针罗盘这项发明，整个欧洲及中东地区的海员都使用了这种罗盘。他是发现磁针指向磁南磁北，而非地理南地理北，或是真南真北的第一人。

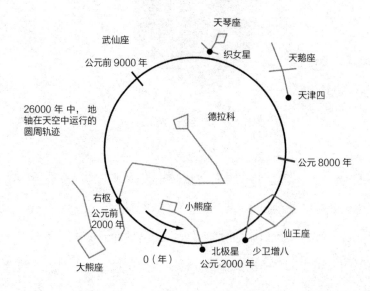

由于地球的轻微摇摆，极星并非永远都是北极星。（分点岁差）

## 阿拉伯的星表和星盘：阿扎奎尔（Azarquiel）

阿扎奎尔（1028—1100），也被称为阿尔－查尔卡利，生于西班牙的穆斯林城镇托莱多，这里曾长期遭受西班牙基督徒的攻击。他以制作精致的科学仪器为生，直到有一天，其客户鼓励他接受一些数学和天文学方面的教育。之后，他编制了托莱多星表（Toledan Tables），人们普遍认为它是当时最为精准的天文图表，12世纪之前，这份图表一直在整个欧洲广为使用。

天文学家借助托莱多星表提早多年预测了太阳、月亮、各大行星相对于"恒星"的运动以及各种日食和月食现象。针对西方基督教的不同地理位置，人们对这些星表做了相应的改编，这就形成了在欧洲一直沿用到16世纪的阿方索星表（Alfonsine Tables，约1252—1270）。

阿扎奎尔的另外一大主要贡献在于研制了一种新型的星盘。希帕克斯早在公元前150年就发明了这种星盘的前身，但采用阿扎奎尔的仪器，人们可在任何纬度测量太阳、月亮及各大恒星的高度并确定其纬度。在中世纪的阿拉伯世界，星盘对于制定时间表的祷告者们而言非常重要，最终，它们被研制用于海上导航。

## 天文导航与地理大发现时代：亚伯拉罕·萨库托
### （Abraham Zacuto）

公元15世纪，犹太科学家兼拉比（犹太人学者的称谓）亚伯拉罕·萨库托出生于西班牙。当时，多数欧洲海员都沿着紧邻海岸线且众所周知的航线航行，但萨库托凭借其导航仪器完全改变了这一切，在其帮助下，欧洲的探索者们得以横渡海洋，直达美洲和东印度群岛。

萨库托最伟大成就之一在于研制了用于白天导航的太阳表（极星用于晚间导航）。拥有一个适用于航海的星盘，加上这些太阳表，海员就能基于太阳的高度（在一年中不同时间不断变化）确定船只的纬度。人们可垂直放置金属星盘，将圆盘上的零点标志对准地平线，其中可移动的表尺就会对准太阳，此时可以通过刻度读取太阳高度。此外，通过比较某一海上位置与某一始发地（比如说，里斯本）的太阳高度，航海家可以分别计算出自身距离里斯本向南或向北的距离。

　　后来，人们应用这些技术研制了海图，这成了海员冒险探索未知水域的无价之宝，其中就包括大名鼎鼎的探险家巴尔托洛梅乌·迪亚士、瓦斯科·达伽马以及克里斯多弗·哥伦布。

　　萨库托出版了一份年鉴，其中包含描绘各种天文现象的图表，这曾极为成功地拯救了克里斯多弗·哥伦布的生命。在第四次寻找"新大陆"的航程中，哥伦布及其船员曾险遭一群土著人的杀戮，不过哥伦布从萨库托的年鉴中得知，1504 年 2 月 29 日将会出现一次月全食，于是他充分利用这点并告诉那些人，月亮的完全消失将说明，神对他们非常生气。当月亮再度出现时，他宣布这标志着那些土著人获得了宽恕，这很快就改变了那些土著人的态度！

　　200 年之后，一种更为精准的六分仪取代了星盘，并成为天文导航的标准仪器。不过直到 18 世纪精密计时表的问世，水手们才测量经度并得以在一望无际的大海上准确定位。

## 亚伯拉罕·萨库托（约 1452—1515）

位于伊比利亚半岛历史悠久的犹太社区与阿拉伯文化相连，它从中得益并培育了诸多伟大的学者。萨库托就是其中之一，他是文艺复兴时代的一名通才，具有广泛的兴趣爱好。他鼓励自己的朋友克里斯多弗·哥伦布坚持航行前往亚洲的梦想。

1492 年，作为君王的费迪南德与伊莎贝拉要求犹太人转信基督教，否则就离开西班牙，于是萨库托离开前往葡萄牙并在里斯本定居。很快，他就获得了一个皇家天文学家及历史学家的职位。国王曼努埃尔及航海家瓦斯科·达伽马向萨库托请教，他认为探索东方世界的航行是可行的。就在同一年，国王曼努埃尔下达了最后通牒，命令葡萄牙的犹太人要么转信基督教，要么选择离开。萨库托及其子塞缪尔是少数得以适时逃离的犹太人，不过在前往北非地区避难所的路途中，他们被海盗捕获两次并被要求缴纳赎金。

萨库托最后在突尼斯登岸，但对西班牙的入侵始终心存恐惧，这迫使他继续前行。萨库托在北非地区四处流浪，最终在土耳其安顿下来。

## 解决经度问题：约翰·哈里森（John Harrison）

18世纪70年代，一名自学成才的英国钟表匠——约翰·哈里森（1693—1776）发明了航海精密计时表并由此解决了"经度问题"，这是令航海家们苦苦等待的一大突破。

在此之前，海员们不得不绞尽脑汁地确定自身所在的经度位置（东西坐标）。意大利的探险家亚美利哥·韦斯普奇（Amerigo Vespucci，1454—1512）曾经这样诉苦：

说到经度，我在此声明，我觉得要确定它实在是困难重重，查明我所通过的东西距离简直让我煞费苦心。我耗费大量的劳动，最终却发现，除了留意和观察夜空中一颗与另一颗行星之间的合点，尤其是月亮和其他行星之间的合点以外，我真是别无良策。至于月亮特别适合是因为，相较于任何其他行星，月亮在其轨道上的运动更为迅速。我将自己的观察结果和年鉴加以比较。

他的方法虽然能够粗略估计经度，但有相当的局限性。仅当人们预测了某一特定天文事件后方可采用此法，而且还需了解精准的时间，这对于远离家乡的海员们而言相当困难。

还有另一种测量经度的做法，即通过比较船只所处海上位置的地方时间（通过观测太阳位置）以及某个已知位置（比如说船只始发点）的时间（通过船上的时钟记录）来估计船只已经向东或向西航行的距离。这种方法的运用原理是什么呢？

稍作思考就会一目了然，每隔 15 经度（向东或向西行进）绘制一条经线，与之相应的，当地时间便提前或推迟一个小时。就算采用这种方法，问题依然在于了解精准的时间。

哈里森的海上精密计时表，或称为便携式"海上手表"提供了一种解决方案。这要比当时可以获得的最佳手表精准得多，它可以抵御海上的气候波动以及颠簸船只的偏航动作。英国探险家詹姆斯·库克船长在 1772—1775 年间进行环球航行时对此仪器赞不绝口，人们至今可以在伦敦的国家海洋博物馆看到他当时使用过的那个模型。

1884 年，人们在英国格林尼治确定了本初子午线（0 度经线），从此之后，地球上每个位置都是通过测量其向东或向西距离该线的长度得以确定的。现代船只使用卫星导航系统来精确记录位置，不过，他们往往也会随船携带一个精密计时表以防万一。

### 现代天文学的开端：尼古拉·哥白尼（Nicolaus Copernicus）

1543 年，哥白尼发表了日心说理论，这是针对地心说这种宇宙体系提出的第一个严峻挑战。约翰·沃尔夫冈·冯·歌德之后对此给出了如下评论："哥白尼的学说对人类精神世界产生了巨大影响，这是任何其他发现和观点无法相媲美的。在哥伦布证实这个世界是球形和完整的之后，地球处于宇宙中心而为主宰的尊号也就被剥夺了。"

借助某些经文段落的宣传，托勒密的地心说模型获得了相当的公信力，并在过去的 1500 年间盛行于欧洲。对于一般的旁观者而言，这与天空呈现的样子一致，而将人置于万事万物的中心也迎合了人类的本性。但是，哥白尼看到了日心说所蕴含的逻辑："太阳位于中心。因为这里犹如一座漂亮的庙宇，其中的一盏明灯可以同时照亮万事万物，谁又能找到另外某个或是更好的地方来放置这盏灯呢？"

哥白尼的天文学体系拥有简单明了这个巨大优势。它并不需要一系列复杂的几何方法来解释行星的运动，而后者恰恰是托勒密派天文学的特征。这是因为，它认为各大行星明显的向后运动仅仅是人们所感知到的，而非真实存在的，这归因于地球的运动。它将太阳置于万事万物的中心，后者围绕其旋转，按照顺序依次是水星、金星、地球和月亮、火星、木星、土星，在这之外是其他恒星的广阔空间。地球每天绕其地轴旋转，月亮每月围绕地球旋转，与此同时，地球倾斜于自身地轴，每年围绕太阳旋转。

日心说引发了公众抗议，推翻了教会，也标志着科学革命的发端。

## 尼古拉·哥白尼（1473—1543）

哥白尼生于一个富裕的波兰家庭，他在克拉科夫大学研习天文学时曾学习过托勒密的理论。1501 年，他被任命为弗劳恩贝格大教堂的教士，牧师的职位为其研究"星占医学"（中世纪欧洲的医生利用占星术行医，他们相信，星辰可以影响人类事务的进程）提供了充裕的时间。

哥白尼似乎未受宗教改革动荡岁月的影响，他花费很多时间独自一人潜心研究，在小镇防御工事的炮塔中进行天文观测。由于望远镜直到 100 年之后才得以发明，当时的哥白尼并无什么工具可以借助。

大约 1514 年，哥白尼在少数几个朋友中传播自己日心说理论的早期研究成果。直到他弥留之际，有关该理论的详尽论述才得以印制。审查该出版物的路德教牧师还插入了一篇匿名前言，他与哥白尼的观点针锋相对，宣称"这部书仅仅是制表描绘行星运动的一项实用的数学工具，而非关于这个世界的科学事实"。教会被此学说激怒并强烈反对日心说，这种现象一直持续到 17 世纪早期。

## 日心说的拥护者：约翰尼斯·开普勒（Johannes Kepler）

哥白尼之后，公开支持宇宙日心说理论的首位天文学家是德国的天文学家及数学天才约翰尼斯·开普勒。

作为一名虔诚的基督教徒，开普勒相信神采用了一个几何计划来构造宇宙，他认为，倘若自己能够理解神的这个计划，就能更加接近神这位创造者。

采用欧几里德的几何学，开普勒就每颗已知行星的运行轨道构建了一个模型并发现，所有行星都是围绕太阳这个点旋转的。他得出一条结论，太阳是其他行星的中心和原动力。开普勒的模型折射出他的通灵宇宙观：上帝圣父，犹如硕大而强有力的太阳，位于创造的中心。这也和日心说相匹配。

之后，开普勒花费了数年时间苦心研究，试图理解火星不规律的运行轨道（他偶然间获取了这个星球上的数据）并称其为他的"对抗火星之战"，直到后来他意识到自己的基本假设是错误的："这感觉犹如我从沉睡中醒来，看到一缕崭新的光芒照耀在我身上。"正如哥白尼的模型所呈现的，每颗围绕太阳旋转的已知行星，其运行轨道不可能是正圆，而是以太阳为一个焦点的卵形椭圆（这就是开普勒第一"定律"）。当某颗行星距离太阳最近时运动得最快，当它距离太阳最远时运动得最慢。尽管如此，在相同时间间隔内，一条从太阳中心出发到行星中心的假想线所扫过的面积始终相等。这就成为开普勒有关行星运动的重要第二"定律"，运用该定律，人们可以确定某颗行星在其轨道上任意一点的运行速度。

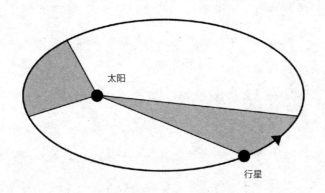

开普勒第二定律：在相同时间间隔内，
行星与太阳之间连线扫过的面积相等。

开普勒第三"定律"利用几何学知识以及某颗行星的轨道周期计算行星与太阳之间的距离。

开普勒有关行星运动的定律帮助推翻了业已统治宇宙学超过 2000 年之久的神圣圆信仰。80 年之后，艾萨克·牛顿为开普勒的理论提供了数学解释，他还采用其理论构建了自己的万有引力理论。

开普勒为我们对太阳系运动规律的大部分现代理解奠定了基础，他还为我们提供了数个实用的定律——比如说，我们可以采用这些定律计算人造卫星（一个由他创造的新词）预计宇宙飞船的轨道。

尽管这是一个相当有用的太阳系模型，但是天文学家开始意识到，日心说理论严格来说并不正确，因为太阳并非宇宙的中心，而仅仅是无数恒星中的一颗罢了。

## 约翰尼斯·开普勒（1571—1630）

开普勒在五岁时就丧父（一名雇佣兵），一年之后，他的母亲带着他登上一座小山顶观看一颗彗星，开普勒由此萌发了对天文学的兴趣。

作为一名终身的路德教徒，开普勒本想成为一名牧师，不过他也遵循惯常的传统修读了一些其他学科，于是他了解并最终支持了新日心说。他在格拉茨（位于现代的奥地利）的新教学校教授数学和天文学，但是欧洲不断升温的宗教冲突横加干涉——这在他后来的人生中发生过数次。新教徒被驱逐出格拉茨，开普勒带着家人避难逃往布拉格，在那里，他帮助丹麦天文学家第谷·布拉赫（Tycho Brahe，1546—1601）制定了一系列新的天文表。1601 年，布拉赫突然死亡，开普勒便被任命为其继承人，成为神圣罗马帝国皇帝鲁道夫二世的皇室数学家，他受委托完成了这些天文表的编制。

开普勒完完整整地经历了 17 世纪的各种宗教压力，到了

1620 年，其母亲卡塔琳娜因被指控施行巫术而入狱，并受到酷刑威胁。开普勒帮助打理母亲的案件，她在经历了一场旷日持久的官司之后最终得以获释。

后来，布拉格也转而对新教徒采取敌对的态度，开普勒不得不离开前往林兹（位于现代的奥地利），天主教力量在三十年战争期间包围了林兹，他又于 1621 年再次被迫搬离。宗教冲突扰乱了开普勒的工作，他在居无定所和四处漂泊中感到筋疲力尽，最终生病发烧并死于雷根斯堡（位于德国东南部）。现今，他的墓穴已荡然无存，但碑文却得以存世：

我曾测天高，今欲量地深。

我的灵魂来自上天，凡俗肉体归于此地。

**给天文学带来革命性影响的望远镜：伽利略·伽利雷**

**（Glileo Galilei）**

伽利略制造了第一台足以详细观测太阳系的望远镜，他因此名声大噪。

伽利略于 1609 年改进了望远镜的设计，这意味着，他成为采用有效放大仪器观测天空的第一人，也是记录观测到月球上火山坑及山脉的第一人。1610 年，他还获得了一些别的原始观测数据，这使人们对太阳系有了新的认识：四颗围绕木星旋转的最大卫星表明，至少某些天体并非围绕地球旋转；金星的相变表明其围绕太阳旋转；大量恒星的存在暗示着宇宙远比之前想象中的广袤。

总而言之，伽利略得出一条结论，教会认为太阳和其他行星都围绕地球旋转的观点是错误的。1615 年，他在一封信件中这样写道："说到太阳和地球，《圣经》显然应该适合人们的理解。"

伽利略有时也被称为"现代科学之父"，他采用了后来被称为标准科学法的定量实验方法，其具体包括：首先，通过严格控制且反复进行的实验检测有关自然世界的某个特定假设（观点），然后以数学的方式表达结果；其次，将测试结果与根据假设所得的预测加以匹配，依据匹配程度的高低进一步改善原始假设，或得出结论认定该假设不成立。这是一个正在进行和不断发展的过程，目标在于获得一个能够拥有充分证据支撑的理论。

## 伽利略·伽利雷（1564—1642）

伽利略生于意大利比萨（Pisa）一个破落的贵族之家。伽利略的父亲希望儿子能成为一名收入丰厚的医生，于是将其送往大学深造。然而，除了数学问题和自然哲学以外，伽利略对一切都心生厌倦，还未获得学位便一走了之。

伽利略尽管获得了数学家的名誉，却正如其父亲所担心的那样变得穷困潦倒。他转而从事发明创造，以一台从未见过的荷兰望远镜为模型创造了真正的望远镜，这令他大发横财。后来他又改进了这台仪器，最终制作的一台望远镜帮他获得了诸多惊人的天文发现，其中就包括地球和行星围绕太阳旋转的证据。伽利略获得了新名望，于是受托斯卡纳公国大公的邀请，他获得了美第奇家族宫廷数学家这个有利可图的职位。

伽利略支持日心体系，这与教会的教义相抵触。1600年，罗马教皇的宗教裁判所将哲学家及宇宙学家乔尔丹诺·布鲁诺绑在火刑柱上烧死，或许是受到这个鲜活案例的影响，伽利略宣布放弃哥白尼的学说，他成了宗教和科学知识两者间紧张关系的标志。

克里斯蒂安·惠更斯　　　　　　乔凡尼·卡西尼

# 土星光环：克里斯蒂安·惠更斯（Christiaan Huygens）和乔凡尼·卡西尼（Giovanni Cassini）

土星是我们太阳系中的第二大行星。千百年来，人们都能在夜空中观测到这颗美丽而明亮的黄色星星。

1610 年，伽利略首次将他的望远镜对准了这颗行星，他认为自己在其两侧分别探测到两颗卫星。45 年之后，荷兰天文学家克里斯蒂安·惠更斯（1629—1695）用一台更加高倍的望远镜观测土星，他认为自己看到的是围绕这颗行星的一圈固态的"薄而平的圆环"以及一颗卫星（这是土卫六，土星最大的一颗卫星）。之后的 1675 年，意大利天文学家乔凡尼·卡西尼（1625—1712）发现了土星光环中间的缝隙（"卡西尼"缝）以及其他四颗卫星。

让时光快进到 2004 年，卡西尼号机器人飞船首次进入土星轨道运行并发回一些图片，这些图片显示了围绕在该气体巨星周围旋转的错综复杂的岩石及冰粒带，这构成了土星独具一格的环系统。人类正在尝试着理解该环结构的形成过程和原因，这个正在进行的任务旨在洞察我们所在太阳系的起源及进化过程。

该任务还发现，位于土星另外一颗卫星（土星拥有超过 60 颗卫星）——土卫二南极的间歇泉喷涌出水汽和冰，科学家们现在认为，这种现象的一种合理解释可能是，在这颗卫星的冰壳下有一片地下海洋，而潮湿的环境自然有利于微生物生命的存在。这一发现拓展了我们的视野，让我们意识到太阳系中可能存在其他支持生命的地方。

艾萨克·牛顿　　　　　　　　　　阿尔伯特·爱因斯坦

## 宇宙的黏结剂：艾萨克·牛顿（Isaac Newton）和
## 阿尔伯特·爱因斯坦（Albert Einstein）

英国数学家及物理学家艾萨克·牛顿就宇宙在物理上是如何彼此联结的这个问题提出了首个科学的解释。

1684年，天文学家爱德蒙·哈雷（Edmond Halley，1656—1742）向牛顿请教有关行星轨道的问题。他十分惊讶地发现，牛顿拥有一套完整的科学理论：万有引力是将宇宙结构结合在一起的一种普遍存在的力量。

牛顿指出，无论远近，都有同一种力量——万有引力发生着作用：它既能使一只苹果坠地，也能令行星围绕太阳旋转。一个物体所含物质越多，或者质量越大，其就能施加更大的引力。

1687年，牛顿出版了著作《自然哲学的数学原理》，通常也被称为《原理》。该书论述了万有引力以及运动定律，成为被人们广泛接受的科学宇宙观。

200 年之后，犹太物理学家阿尔伯特·爱因斯坦进一步推动了牛顿物理学，转变了我们对空间、时间及万有引力的理解。爱因斯坦在他的广义相对论中这样阐释，万有引力并非如牛顿所描述的那样是一股力量，而是由物质存在引发的弯曲力场。物质和能量包裹了空间结构，这有点类似于一个沉重的身体落在一块床垫上，这就是我们所谓的万有引力效应，其导致的一个结果是，在诸如太阳这般巨大物体周围，甚至连光线也会在万有引力作用下沿着一条曲线路径发生弯曲。

　　1919 年日食期间，英国天文学家亚瑟·爱丁顿（Arthur Eddington，1882—1944）获得的证据显示，来自某颗遥远星球（从地球上看，它位于太阳背后）的光线在抵达地球前，于（遮蔽强烈的）太阳周围发生了弯曲。

乔治·勒梅特　　　　　　　　爱德温·哈勃

### 宇宙大爆炸和宇宙的起源：乔治·勒梅特（Georges Lemaître）和爱德温·哈勃（Edwin Hubble）

　　1927 年，一名比利时的耶稣会神父及天文学家乔治·勒梅特

（1894—1966）首先提出了膨胀宇宙的观点。他还提出了一种想法，后来演变成宇宙起源说的"大爆炸"理论。

勒梅特假设，宇宙膨胀可以追溯到某个时间点（现代估计为 138 亿年前）：一颗极高密度的"原始原子"，或者"宇宙蛋"发生了极为猛烈的爆炸。他虽然公布了这项发现，但并未在比利时以外的地方为人所熟知，直到 1931 年，帮助他完成翻译工作的英国天文学家亚瑟·爱丁顿称他的解决方案"非常杰出"，这一状况才得以扭转。

不过，帮助证明宇宙膨胀理论及大爆炸模型的是与勒梅特同时代且更为人所熟知的美国天文学家爱德文·哈勃（1889—1953），这为其赢得了"宇宙学奠基人"的美誉。

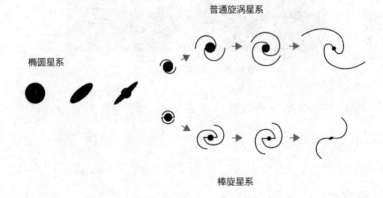

普通旋涡星系

椭圆星系

棒旋星系

哈勃于 1936 年对星系进行了分类。我们所处的
银河系似乎只是掠过浩瀚夜空的一条黯淡光带，
它在分类中属于棒旋星系，由一个直径约 10 万光年的扁平转盘组成，
包含了气体、灰尘以及约 1000 亿颗恒星。
我们的太阳系并非处于星系的中心，而位于一个小旋臂上。

哈勃在激动人心的时代开启了他的职业生涯。亨丽爱塔·勒维特（Henrietta Leavitt, 1868—1921）注意到大小麦哲伦星云（银河系边缘附近的可见天体，现在被一致称为矮星系）包含上千颗拥有可变亮度的恒星。她的观察促成了恒星间距测量方法的大发展，这令我们的宇宙图景发生了革新性的变化。天文学家开始意识到，宇宙远比之前我们想象中的要大得多。之后，阿尔伯特·爱因斯坦的广义相对论预言了一个不断变化的宇宙，要么膨胀，要么收缩。很多人，甚至连爱因斯坦自己都认为这种新观点难以接受。

哈勃望远镜拍摄的旋涡星云

哈勃的贡献开始于模糊的片状光，亦被称为旋涡星云，整个夜空中都可见到它们的身影。这些气体云究竟位于我们所在星系的内部，还是远在我们星系之外的星群？位于加利福尼亚威尔逊山的天文台安装有一台 254 厘米的胡克望远镜，这是当时全世界最大的望远镜，他将观测的重点放在了天空中所谓仙女座星云的那一部分上，图片首次揭示了这些暗星。1923 年，他得出结论，这些暗星由于距离我们的星系过于遥远，这些暗星无法成为其一部分，它们属于一个全新的星系（目前被称为仙女座星系），相较于银河系中最遥远的恒星，这些暗星距离我们至少还要远上 10 倍。进一步调查之后，我们又发现了数个其他的星系。显然，宇宙比我们之前想象中的要大得多，而我们仅仅是其中的一部分。哈勃比较了各类星系并为其建立了一种分类方法，该方法一直沿用至今。

1929 年，哈勃有了另外一个重大发现，当时他公布了有关宇宙均匀膨胀的数据。他研究了 46 个星系并发现，星系之间的距离越是遥远，它们远离彼此的移动速度就越大。这构成了哈勃定律的基础，其表述如下：距离地球越远的星系就会以越快的速度飞驰地球而去——星系之间的距离会持续不断地增加，正因如此，宇宙在不断膨胀（宇宙膨胀理论）。哈勃继而创建了宇宙膨胀方程，该方程沿用至今，当然在形式上有所更新。哈勃预计，宇宙的膨胀率为 500 公里（311 英里）每秒·每百万秒差距（约为 326 万光年的距离），这意味着，某个距离我们 326 万光年的星系正在以每秒钟 500 公里的速度远离我们飞驰而去。该估值被称为哈勃常数：这是宇宙学中最为重要的数字之一，人

太空中的哈勃空间望远镜

们用它来估计宇宙的大小和年龄。

如今，人们认为哈勃当初低估了各大星系之间的距离，这导致其计算的膨胀率过大。天文学家现在预测该数值约为 70 公里（44 英里）每秒·每百万秒差距，尽管如此，哈勃常数的数值依然存在着极大的不确定性。

为了纪念这位伟大的天文学家，1990 年，以其命名的哈勃空间望远镜发射升空，它旨在为证实并完善哈勃常数提供更详尽的数据。目前，这台望远镜已经帮助证明，宇宙不仅在膨胀，而且受到某股所谓"暗能量"的驱使正在加速膨胀。

1964 年，人们发现了宇宙微波背景辐射，它被认为是宇宙大爆炸的一种"回声"。宇宙大爆炸理论依然是最为盛行的宇宙观。

**超新星、中子星和暗物质：弗里茨·兹威基（Fritz Zwicky）**

1935 年，瑞士天文学家弗里茨·兹威基（1898—1974）在他的山顶天文台上使用了一台施密特望远镜，这种宽视界望远镜是搜寻被其称为超新星的一类超亮恒星的理想工具。

兹威基假设，一颗超新星代表着一颗大质量恒星绚烂壮观的死亡——这种剧烈爆炸的强度远比一颗普通恒星（一颗"新星"）大得多，而且仅在一段较短时间内可见。恒星爆炸开来，释放出巨大的能量，足以使其亮过其所在的整个星系，这期间喷涌出大量粒子，它们将构成新世界的基础，并留下被称为中子星的坍塌残骸。这种恒星爆发残留物是目前人们已知的宇宙中存在的密度最大体积最小的恒星，它们几乎完全由整体上不带电荷的中子或亚原子粒子组成。

人类最早观测到一颗所谓超新星的记录可以追溯到公元 185 年的中国。望远镜问世之前，人们还发现了少数几颗别的超新星，望远镜发明之后，又有数百颗超新星的观测记录。兹威基就探测到了 120 颗超新星，如今，人类正借助计算机控制的望远镜不断搜寻着这类星体。每个星系在每个世纪中仅会出现 2 至 3 颗超新星，但从理论上说，在拥有着千亿个星系的宇宙，每秒钟都会诞生 30 颗超新星！

我们自身所在星系中最大的恒星之一参宿四已接近生命的末期，预计它将在接下来的数百万年内爆炸，成为一颗超新星。自古以来，人们就一直观测着这颗明亮的橙红色"超大星"。参宿四是猎户座的一部分，已经耗尽自身的氢储备，其核心已经压缩，外层已经膨胀，它已经是一颗肉眼可见的极其硕大的星球。

宇宙射线，或称为高能射线，是超新星产生的一种副效应，它会影响卫星中的电子装置，也有可能是造成坠毁客机操纵系统故障的罪魁祸首，除非人们能研发出有效的屏蔽方法，这种射线将对未来载人宇宙飞船的星际旅行造成重大障碍。

1933 年，兹威基发现了现代天体物理学中最伟大的奥秘之一：暗物质。正如其名，我们无法用望远镜一睹其真容，但可以通过它在恒星上的引力效应及其他可见物质推断出它的存在。兹威基的这一发现源于他的一项观测。他注意到，后发星系团中的大片恒星永远不足以通过引力作用将这些星系汇集在一起，于是他得出结论，宇宙中必然存在着可以补偿这种"丢失质量"的暗物质。20世纪70年代，薇拉·鲁宾注意到一种奇怪的出入：位于星系边缘的恒星，其移动要比之前根据万有引力定律预测的结果更快。

目前人们认为，暗物质构成了宇宙中物质能量合成物的26%，暗能量（引发宇宙膨胀加速的未知力量）占据了其中约68%，而普通的可见物质仅占约5%。

## 白矮星和黑洞：钱德拉（Chandra）

钱德拉出生于当时尚属于英属印度的拉合尔市（位于今巴基斯坦境内），人们也称其为苏布拉马尼扬·钱德拉塞卡（1910—1995）。他有一位于1930年荣获诺贝尔物理学奖的科学家叔叔——钱德拉塞卡拉·拉曼爵士，钱德拉极有可能就是受到了他的启发。他先在英国攻读研究生，后来当其革命性的观点招致反对和怀疑之后，钱德拉转而前往美国。

钱德拉最为著名的理论表述如下：当某颗恒星（比如我们的太阳）中心的核能源耗尽且接近于演化最终阶段时，它并不必然以小型、稳定、缓慢冷却的碎块（被称为白矮星）形式终结，如果其质量超过某一限度（"钱德拉塞卡极限"，高于生成一颗中子星的质量），它会发生超新星爆炸，然后持续坍缩形成一个密度无限大且体积无限小的点，目前人们将其称为黑洞。黑洞的引力非常强大，以至于任何物质都将被拉入其中而无法逃脱，就连过于接近黑洞的光也不例外。

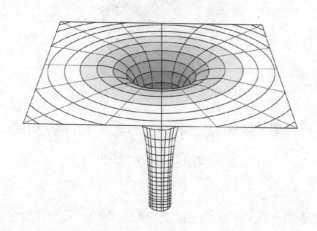

黑洞是一个具有无限密度的单点，它的引力十分强大，以至于向其靠近的任何物体都将被拉入其中。

钱德拉得出上述结论采用了严谨的数学方法，其中包括量子力学的新理念，他对白矮星已知属性应用了狭义相对论。

钱德拉推测，泡利不相容原理（由沃尔夫冈·泡利于1925年提出，也被称为电子简并原理。它指出，原子内不可能有两个电子具有完全相同的量子空间）适用于大质量恒星。根据钱德拉所言，这会产生一个后果，即一颗巨大坍缩恒星的收缩压将迫使电子以接近光的速度向外移至更高的能级。这将引发一场爆炸，吹散包裹在这颗垂死恒星周围的电子气层，留下一个密实且持续坍缩的碎片残骸。

钱德拉就恒星结构、起源和动力学开展的研究工作以及他对黑洞的预言在后来得以证实。

## 脉冲星、类星体和小绿人：苏珊·乔丝琳·贝尔
（Susan Jocelyn Bell）

20 世纪 50 年代在对无线电波的早期调查中，人们首次发现了脉冲星（类星射电源的简称）。它们存在于可见宇宙的边缘，距离我们 100亿—150 亿光年。当脉冲星发出的无线电波、光及辐射抵达地球时，我们实际上就回顾了 100 亿—150 亿光年前的过去。

脉冲星被认为是一个超大质量的黑洞，它被一层扁平螺旋状的圆盘状气体结构包围（一个吸积盘）。它具有超强引力，能将恒星甚至是小型星系吸入黑洞，这就会产生大量的辐射能和光，从而形成一个独特的耀斑，人们也由此发现了脉冲星。

英国的天文学家苏珊·乔丝琳·贝尔（1943—）在牛津大学附近的一块旷野上，用一台由串在木桩上的电线组成的普通天线监测到了最近发现的脉冲星，当时她对这种微弱而规律的无线电脉冲感到困惑。研究团队怀疑，是否有来自地球以外的"小绿人"正试图从外太空与我们进行通讯，但后来他们认识到，这些脉冲来自旋转的中子星——由中子（不带电荷的亚原子粒子）组成的超密极小恒星，弗里茨·兹威基曾在1935年推测其为一颗恒星发生超新星爆炸之后的剩余残骸。它们被命名为脉冲星。由于贝尔当时的学生身份，她并未因此发现荣获诺贝尔奖，这引发了一些不满。

人们认为，我们的星系中存在着多达30000颗中子星，巨型射电天文望远镜正瞄准天空，试图截取它们的脉冲信号。

**奇点：史蒂芬·霍金（Stephen Hawking）**

霍金被认为是当今最知名的科学家之一，他就人类进一步理解宇宙的创生、演变以及当前结构做出了巨大贡献。

20 世纪 60 年代，霍金从事广义相对论的研究，他和罗杰·彭罗斯（1931—）共同创立了一套全新的数学方法，旨在说明过去必然存在一种具有无限大物质密度的状态，或称为宇宙大爆炸前的奇点，所有星系相互层叠，宇宙的密度达到无限大。在霍金之前，科学家们认为压根不存在任何可以逃离黑洞的物质。霍金发现，在特定条件下，黑洞能放射出某些亚原子粒子，也被称为"霍金辐射"。此外，他还发现，黑洞具有温度，它们并非完全漆黑。黑洞服从热力学定律并将最终蒸发消失。

## 史蒂芬·霍金（1942—2018）

霍金的父亲是一名热带病方面的专家，部分受到他的启发，霍金在青少年早期便对基本的科学问题产生了兴趣。在牛津大学获得物理学学位之后，霍金成为剑桥大学宇宙学专业的博士候选人，不过在抵达学校之后不久，他便被确诊患有肌萎缩侧索硬化，这种运动神经元疾病引发肌肉无力和损耗，医生说他只能再活几年。面对这显而易见的命运，霍金并没有屈服，这个消息反倒激发了他的动力，他决意要好好发挥自己的能力，实现解开宇宙奥秘的远大抱负。

霍金的病情每况愈下，最后他不得不以轮椅代步。多年以来，他在讲演时变得发音含糊，很多时候不得不由其研究生代表他朗读他的讲座演讲稿。1985 年的一次手术之后，他完全失去了说话的能力，于是配备了一个计算机系统和语音合成器，这样一来，他就能凭借电子生成的声音发表公开演讲了。

# 数字的科学

从简单的加法到复杂的密码学，宇宙中充满了数学的谜题：各种数字是如何协同运作的？各种形状是如何得以描述的？各种图案是如何得以制作的？

从简单的加法到复杂的密码学，宇宙充满了数学的谜题——各种数字是如何协同运作的，各种形状是如何得以描述的，各种图案是如何得以制作的。有别于绝大多数科学，一个数学理论可被证明为真理，而且一旦被证明为真，就永远无法再被证伪。正因如此，数学的历史意味着全新理念的发展，而非老旧模型的更换。

目前仍有大量尚待解决的难题，或者说，在很多情况下，人们还未正确识别诸多问题。

## 几何学基本原理：欧几里德（Euclid）

古希腊古埃及的欧几里德（约公元前 325—前 265）被誉为"几何之父"，他撰写了全世界传播最为广泛的非宗教读本——《几何原本》。

在约 2000 年的时间里，这本著作在欧洲及中东地区一直被作为重要的数学教科书使用。尽管书名是《几何原本》，但该书在内容上涵盖了数学领域的方方面面，言简意赅，清晰易懂。就某些数学证明及定理而言，没有人能比欧几里德解释得更好。

《几何原本》共有十三卷，包含各种定义、定理、证明以及未经证实的假设或公理（尽管没有证据，但被视作不证自明为真的陈述）。他的著作同时包含书面理论和实际应用，这对于那些希望在数学方面学以致用的人们来说尤为可贵。

关于欧几里德，我们仅仅知道他在亚历山大港这个当时的主要学习中心教书，他以自己的名字命名了欧几里德几何学——对点、线、面以及其他图形的研究，他将上述所有纳入一套普遍的假设。此外，他的《几何原本》包含了一些著名的原理，比如黄金分割（涉及审美的几何基础），如何构建被称为柏拉图多面体的五种正多面体以及毕达哥拉斯定理（论述直角三角形三边平方和的关系）。顺便提一下，希腊的毕达哥拉斯（公元前 6 世纪）并未以自己的名字阐述这条定理，不过他有可能是首个证明该定理的人。

有一次，当被法老问起理解数学的捷径时，欧几里德这样回答道："几何无坦途。"

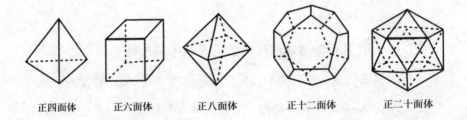

正四面体　　　正六面体　　　正八面体　　　正十二面体　　　正二十面体

## 机器的数学：阿基米德（Archimedes）

在同时代古希腊人的心目中，锡拉库扎的阿基米德最为出名的并非其独创的数学思维，而是他的机械装置。其中有些装置具有宝贵的社会应用，诸如被称为"阿基米德螺旋泵"的抽水机以及复滑车，但与此同时，他还发明了一些可能最臭名昭著的战争机器，比如巨型抛石器，以及被称为"船摇动器"的"阿基米德爪"，这是一个带有巨大爪钩或钩子的吊车，这种武器能够猛烈撞向船只，使其沉入海底甚或将其从水中吊出。

阿基米德的机器具有杠杆这一重要特征，尽管他并未发明杠杆，却采用平衡原理首次解释了其工作模式。他有一条最为著名的定理——阿基米德原理，它描述了通过测量浸在液体中物体排开液体的体积计算该物体体积的方法，得出这条结论是为了解答一个刁钻的问题，即如何证明锡拉库扎国王新做的金王冠是否掺杂了廉价的金属。

此外，阿基米德还采用"穷举法"求得了圆面积。首先在圆周的

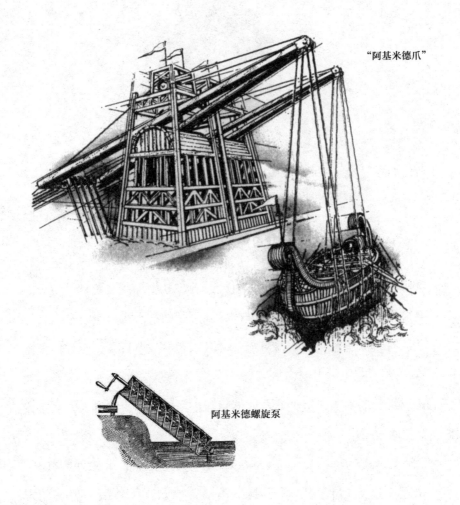

"阿基米德爪"

阿基米德螺旋泵

内外绘制正多边形（至少含有三边三角的图形），继而在多边形中增加边数，直至接近于圆周曲线（计算多边形属性要比圆形属性容易得多）。他还发现了球体和圆柱体之间的关系，探索了数学的其他一些领域，诸如平方根以及各种形状（三角形、矩形、圆等）的属性。

# 阿基米德（约公元前287—前212）

阿基米德是一名天文学家之子，他出生在位于西西里岛上的独立希腊城邦——锡拉库扎。阿基米德以其发明的各种机械装置著称，除此之外，他还有一件为人津津乐道的小趣事，据说当时他正在公共浴室里洗澡，其间偶然发现了后来被称为阿基米德原理的定理，于是光着身子狂奔回家，边跑边高声大喊："尤里卡！"（希腊语，意为"我找到了！"）。

阿基米德向来认为他的数学理论要比机械装备重要得多。他在自己的著作《方法论》（*The Method*，约公元前250）中这样写道："对我而言，有些事物首先是通过机械方法变得明朗，但是之后它们还必须经由几何学得以证明……"

到公元前218年，锡拉库扎作为迦太基的盟友对抗罗马，从而陷入了第二次布匿战争（公元前218—前201）（就在这场战争中，汉尼拔·巴卡利用大象翻越阿尔卑斯山并攻击了罗马）。在数年中，阿基米德的战争机器帮助击退了罗马的入侵者，但锡拉库扎还是于公元前212年沦陷，阿基米德也被杀死。这位数学元老其实被准以获得安全通行证，但据传说，军团士兵受派遣将阿基米德带至罗马将军处，当他们抵达时，阿基米德正沉浸于一个数学问题而漠然以对，于是这些士兵在恼怒之下将其刺死。还有另外一个故事版本，据说当罗马士兵抵达时，阿基米德正在搬运科学装备，士兵想要掠夺这些装备作为战利品，于是将其杀害。

张衡

## 精确到小数点后七位的 Pi：张衡和祖冲之

全世界最著名的数字或许就是 Pi 了，这个数字的希腊符号是 π。

大约相当于 22 除以 7，通常记录为 3.14，它描述了圆的属性，无论圆的大小如何，其半径为 $r$，则其周长总是 $2\pi r$，其面积总是 $\pi r^2$。所以，Pi 在应用几何中相当有用——事实上，通过 Pi 比值及金字塔周长就可确定古埃及吉萨金字塔的高度。在试图解决一个经久不衰的数学问题时，它也发挥着重要作用：仅仅采用诸如直尺和圆规这样的基本工具，能够绘制出一个与某特定圆面积相等的正方形吗？

并没有哪个单独的人首先发现了 Pi。每一个拥有数学科学的早期文明都独立计算了该值：巴比伦、埃及（如前所述）、希腊、印度、中国、中美洲的玛雅以及其他文明。多数早期数学家采用各不相同的几何方法得到了一个介于 3.12 与 3.16 之间的圆周率值。一位中国发明家张衡（78—139）提出，该值是 10 的平方根：3.162。

不过，张衡后来的同胞，占星家、工程师及数学家祖冲之（429—

500）是世界上将 Pi 值精确计算到小数点后七位的第一人，他计算该值介于 3.1415926 和 3.1415927 之间，如此精确的计算结果早于欧洲1000 年。

祖冲之的主要兴趣点在于历法改革，他是首位考虑到分点岁差的中国历法制定者。祖冲之的历法出奇地精准，他计算一年为365.24281481 天，这仅仅与当今的计算结果相差 50 秒。

祖冲之在有生之年并未目睹自己的历法在中国得以采用，不过他在世时就以自己的各种发明著称，诸如指南车和千里船。祖冲之的另外一大遗产是一本有关数学的著作，因为对于多数学者而言，该书过于晦涩难懂，因而人们将其从皇家教学大纲中去除。

Pi 本身一直以来都是人们数学思考的成果之源。1882 年，费迪南

指南车

德·冯·林德曼（1852—1939）证明 Pi 是一个超越数：它无限不循环，且无可预测。2011 年，一个计算机程序耗时 191 天将 Pi 值计算到了小数点后的第 1014 位。毫无疑问，计算机有朝一日能为我们提供超级数量的小数位，但这在构建正方形方面并无什么益处。

## 正弦表：阿耶波多（Aryabhata）

古印度拥有精密而深奥的数学文化，年轻的天才阿耶波多（476—550）复兴了该文化，他在 23 岁时就撰写出了重要著作《阿耶波多历数书》。

该书由 119 行诗组成，阿耶波多成为给出平方根计算方法并勾勒出三角函数基本要素（之后被称为正弦表）的第一人。他在创建该表的过程中采用了毕达哥拉斯定理，此外，他还展示了如何将球面上的点和线投射到平面上，从而也将平面三角学应用于球面几何。

阿耶波多为代数学和天文学提供了诸多创新，不过他有两项最为重要的理念：其一是采用小数位表达十分位、百分位、千分位等等，其二是他对"零"这个数学概念的理解。尽管所有的早期文明都已意识到，颗粒无收会导致饥荒挨饿，不过零作为一种数学思想推动了负数的发展，它也构成了四则运算以及人类追求知识而争取获得数学进展的一个重要阶段。这些理念借由他的著作传入中东，在那里得以构建和发展，之后又被带入欧洲。

## 小数点进入欧洲：斐波那契（Fibonacci）

西欧一直以来都没有零这个概念，这貌似有点不可思议，直到1202年，这种状况才有所改观，当时年轻的意大利会计师斐波那契（1170—1250）出版了其富有开创性的著作《计算之书》，该书将某些重要的印度－阿拉伯数学概念引入欧洲，这其中就包括阿拉伯数字、零的数学思想以及带有位值的十进数制。

斐波那契其实名为比萨的列昂纳多，不过他还是以斐波那契这个名字著称，其含义为"博纳奇之子"。博纳奇是一名代理商，作为北非商务培训的一部分，他建议自己的儿子研习阿拉伯的数学理念。返回意大利之后，斐波那契说服了欧洲人，让他们意识到阿拉伯体系要比罗马数字简单得多，他还提供了更多准确的计算。数学上零这个概念的运用引发了负数（或者说那些小于零的数）的概念，斐波那契也由此为未来欧洲数论的未来发展奠定了基础。

作为一名富有经验且精于世故的数学家，斐波那契为抽象的定理找到了实际的应用。他撰写了一些对于商人特别有用的书籍，其中许多案例都与商业贸易有关，比如如何计算成本和收益，或者如何在地中海各种主要货币之间进行转换。此外，他还为测量问题提供了解决方案。

斐波那契最令人印象深刻的是他提出的一个问题，即在特定情况下能繁衍出多少只兔子。他的答案是，加和每两个前面的数得出下一个数，这也被称为斐波那契数列。该数列可应用在科学、数学及自然等很多领域。尽管在《计算之书》中，他实际上省略了第一项，该数列始于1，1，2，3，5，8，13，21，34，55，以此类推，其中（最初的开端除外）每一项都是前两项之和。如果采用这一系列数字为边构建正方形，再将每个正方形对点相连，就能形成一条螺旋线。诸如此类的数字模型颇受数学家们喜爱，不过斐波那契数列在帮助解决某些数学问题方面也有着实际应用。这条螺旋线能应用于某些计算机软件，因而还引起了其他一些科学家的兴趣，它部分描绘了一个经济增长模型，还出现在数个自然物体中，比如某些叶子在茎秆上的生长路径，菠萝和松果上的螺纹，向日葵花瓣的排布，以及覆盆子种子的分布形状。

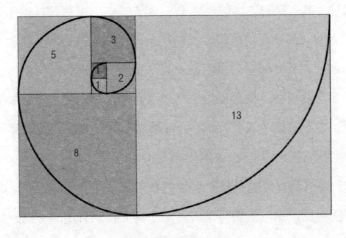

**斐波那契数列的视觉再现**

## 笛卡尔坐标：勒奈·笛卡尔（René Descartes）

法国的哲学家及数学家勒奈·笛卡尔发明了笛卡尔坐标，由此生成了图标上的 $x$ 轴和 $y$ 轴，这也成了好几代小学生苦苦思索的对象。

当时，笛卡尔正无所事事地观察着徘徊于墙壁和天花板之间的苍蝇，他突然意识到既可以通过几何的方法——飞行路径线及由该线生成的形状，也可以通过代数的方法——一系列点，再现这只苍蝇的运行轨迹。他接着绘制了一个笛卡尔平面（由其拉丁版本的名字卡尔特修命名），其采用一个平面上编号的正交垂直及水平线或轴线来描述点的位置。

笛卡尔差不多与自己的法国同胞皮埃尔·德·费马在相同时间产生了这个想法，这就在谁先谁后的问题上引发了激烈的争论。结果就是，他们这两名同时代的伟大数学家终生都未有过合作。

除了简单图表以外，地图索引也是笛卡尔一项普遍常用的发明，不过在数学界，这项对"解析几何"做出的新贡献在代数学和几何学之间建立了一座富有开创意义的桥梁。有了这项创举，人们能够采用坐标或线表达代数项，反之亦然，人们也能采用代数方程表达几何形状。它也为之后艾萨克·牛顿的微积分学奠定了基础，而牛顿本人也深受笛卡尔思想的影响。

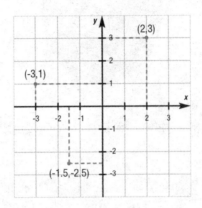

笛卡尔坐标系的正方形网格。这两条数轴互成直角，彼此的交汇点被称为原点。该原点上方右方为正数，而下方左方为负数。该网格上的每一个点都可参考两个坐标（沿每条轴线与原点的距离）加以确定，水平值写在前面。坐标被记录在括号内，其中原点为（0，0）。

笛卡尔还是数学符号的拥护者，他采用上标表示指数或幂，比如 $2^{10}$，如今这已成为标准。

## 勒奈·笛卡尔（1596—1650）

笛卡尔在一个酷热房间里被闷得喘不过气来，却在那里系统阐述了解析几何理论。在此期间，他踌躇满志地试图建立逻辑学和哲学之间的联系。

作为"现代哲学之父"，笛卡尔以其"我思故我在"这一论述而闻名，这是他采用普遍怀疑一切东西的方法得出的结论。他谨慎地表述："永远不要对我并不明确了解的任何事物信以为真……"

笛卡尔用法语而非拉丁语这种学术语言撰写了他最为重要的著作之———《方法论》，这样一来，人人（笛卡尔指出，即便是妇女）都能阅读他的著作。

只有少数几名数学家拥有一个以其名字命名的地方，而笛卡尔就是其中之一：为了纪念他，人们将其出生的城镇拉哈耶恩都兰重新命名为笛卡尔。

## 数论：皮埃尔·德·费马（Pierre de Fermat）

自古希腊时期以来，被称为"数论"的数学分支在西方世界一直被人忽视，直到法国律师皮埃尔·德·费马（1601—1665）重新振兴了这门学科。数论有时也被称为高等算术，它论述的是数字的属性和关系，而费马是首位独立从事整数研究的数学家，在自己提出的任何问题里，他都拒绝在解法中出现分数。

费马差不多和勒奈·笛卡尔同时创建了坐标系，因而他也是解析几何的创始人之一。此外，他还与布莱士·帕斯卡合作共同创建了概率论。

费马追随弗朗索瓦·韦达（Francois Viète，1540—1603）的观点，认为人们可以应用代数分析数学问题。他还受到不少古希腊人的启发，比如丢番图（Diophantus），他在著作《算术》中提出了一些猜想并陈述了一些定理，留给读者证明和解答。与之类似，费马也设置了一系列的数学难题，至于自己是如何证明这些问题的，他几乎只字不提。

长远来看，费马直接影响了现代数论，不过就当时短期而言，由于他鲜有著作出版，因而影响力也大大削弱，人们知晓费马主要是通过他和其他同时代学者的通信或书中的旁注。他最为著名的当属其发现的费马小定理和费马最后定理。其中，前者是人们用来不断寻找质数的一项工具，其描述如下：若 $p$ 为质数，那么 $n^p-n$ 将永远是 $p$ 的倍数。后者之所以被称为费马"最后"定理是因为他的其他数学难题早已被解决，而这个问题直到近 300 年前依然没有找到解答。

## 射影几何和概率论：布莱士·帕斯卡（Blaise Pascal）

在 17 世纪，法国天才式人物布莱士·帕斯卡引领数学进入了两个新方向：射影几何和概率论。此外，帕斯卡构建了世界上最早的机械计算机之一，他还用自己的名字命名了一个颇为有趣的数字模式——帕斯卡三角形。

帕斯卡提出射影几何中的帕斯卡定理时才16岁，射影几何研究几何图形与投射到另外表面后所呈现图像间的关系。他的定理表述如下：如果一个六边形内接于一条圆锥曲线，那么该六边形三对对边的交点在同一条直线上（帕斯卡线）。

1654年，帕斯卡在和皮埃尔·德·费马的通信中交流了两个赌博问题：掷一对骰子出现双六的概率有多大？如果赌徒提前结束赌局，怎样分配赌金才算公平？于是就有了概率论，这引入了特定情况下某变量期望值的概念。

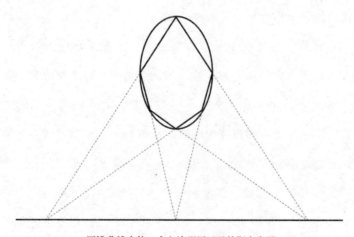

**圆锥曲线中的一个六边形展示了帕斯卡定理**

帕斯卡最初研制他著名的计算机（名为帕斯卡线）是为了帮助自己担任税务官的父亲。该机器能做加减运算，尽管它是现代计算机的先驱，但由于价格昂贵且使用不便，从商业角度讲它是失败的。

　　除了卓越的数学成就，帕斯卡在其他领域也颇有建树。他不仅提出了以自己名字命名的压力定律，发明了液压机和注射器，而且还证明了真空的存在。他的同胞，法国思想家勒奈·笛卡尔根本无法接受真空存在这种可能性，作为回应，他写道：帕斯卡的"脑袋里有太多真空了"。

## 布莱士·帕斯卡（1623—1662）

　　布莱士·帕斯卡从小在家接受教育，其父亲认为自己的儿子至少要到 15 岁才能涉足数学，正因如此，一开始接触数学领域，帕斯卡靠的完全是自学。

　　1646 年，帕斯卡接受了詹森主义，这是罗马天主教内部的一场运动，有些人视其为异端邪说。帕斯卡越来越向宗教靠拢，1654 年，他表达了自己的一种愿望，大意是他应该背对世界，从此过着一种祈祷的生活。从那时起，他从事数学工作的时间就变得微乎其微，在 1662 年死于癌症之前，他花了数年时间撰写了有关宗教思考的著作《思想录》。其中包括"帕斯卡的赌注"，文中给出了一条概率性的论证，相信上帝是理性的："如果他不存在，有神论者并不会遭受任何损失，但如果他存在，那么无神论者将失去一切。"

# 二进制数：戈特弗里德·威廉·莱布尼茨
## （Gottfried Wilhelm von Leibniz）

德国的博学家戈特弗里德·威廉·莱布尼茨（1646—1716）与英国的艾萨克·牛顿之间有一场"微积分发现权之争"，前者因为卷入这场纷争而名声大噪。很多年来，英国科学家都拒绝承认莱布尼茨对科学及数学所做的贡献。

除了微积分以外，莱布尼茨还改进了二进制系统并由此在很大程度上影响了现代世界的另一方面，这在根本上为数字革命以及计算机问世铺平了道路。1679 年，莱布尼茨出版了标题鲜明的《二进位数学》一书，他在其中提出了至今仍为我们所用的二进制体系。

本质上说，二进制是以 2 为基数的一套计数系统，也就是说，仅仅使用两个数字而非十个数字，但在莱布尼茨以前，人们采用字母表示这两个字符。莱布尼茨引入了数字 0 和 1，并设置了从右向左阅读二进制的表达方式。

对多数人而言，采用二进制计数很快就显得烦琐累赘，但它构成了数字设备的标准基础，如今，这些设备和我们的双手显得同样重要。

莱布尼茨除了是一名律师、朝臣和外交家以外，还是一名哲学家，他持有乐观的看法，认为这个世界是上帝能够创造出来的最好的世界。此外，他还抽出时间就各个论题撰写文章，其中包括图书馆编目系统符号逻辑。法国作家伏尔泰是牛顿的拥护者，他在 1759 年撰写的小说《赣第德》（Candide）中借用潘葛洛斯教授的形象讽刺了莱布尼茨。

## 微积分学：艾萨克·牛顿爵士（Sir Isaac Newton）

英国的"自然哲学家"艾萨克·牛顿最为著名的是他的引力理论和运动定律，但他在物理学和数学方面的工作并不能简单地彼此分割独立。牛顿于 1687 年发表的富有影响力的著作《原理》概述性地探索了数学的诸多方面，同时还引入了他的宇宙观。他甚至还就重力提供了一个数学方程式：

$$F = \frac{Gm_1m_2}{r^2}$$

1665 年，牛顿首次开始着手微积分（或者说变化）的研究工作——此后，这成为一场革命性的数学发展。牛顿特别希望能够及时计算出下落物体的变速以及特定时刻下的行星轨道。

牛顿采用了其所谓的"流数法"，这是对切线的代数表达式，即任何特定点上某条曲线（诸如轨道）的精确斜率。他由此计算出"流"的大小或沿着曲线的变化并揭示了能够得出函数上任意一点斜率的导函数。此外，他还发现，该变化率与以曲线为界的面积加和值呈负相关。

微积分能同时帮助人们计算面积（积分学）以及系统中的变化（微分学），因而它是进行高级数学分析的一大重要工具。微积分的应用之一是在发出账单的同时设定最低的信用卡还款额。

在究竟是谁首先发明微积分以及是否就此存在剽窃行为这个问题上，牛顿和德国的戈特弗里德·威廉·莱布尼茨陷入了一场旷日持久的争论，不过，或许事实上两个人是分别独立发明了微积分，如果完全同时，他们必然采用了不同的方法。牛顿着重于推导一个函数，而莱布尼茨则集中于积分一个函数从而计算面积和体积。目前数学微积分中采用的符号正是出于莱布尼茨之手：∫表示面积的加和或总和，而 $dy/dx$ 表示微分或变化率。

微积分仅仅是牛顿的贡献之一，他在很多其他数学问题（广义的二项式定理、牛顿求函数根的迭代法、幂级数、三次曲线分类法）上都取得了进展。实际上他勾勒出了一幅蓝图，描绘了未来数学的发展之路。

不过，他在 1676 年这样写道："如果说我看得比别人更远些，那是因为我站在巨人的肩膀上。"

## 艾萨克·牛顿爵士（1642—1727）

艾萨克·牛顿是人类有史以来最伟大的科学人物之一。牛顿出生于英国林肯郡，由于所在大学——剑桥大学因瘟疫而闭门，他待在家乡并于 1665—1666 年期间详细阐述了自己的许多想法。据说，之后牛顿被掉落的苹果砸中脑袋，于是构思出了他的引力理论。

尽管牛顿多年都未公开发表他的观点，但是那几年中，他在科学领域取得了非凡的进展。牛顿对批评的声音极为敏感，1671 年，其早期有关光和色彩的理论反响不佳，于是他就逃避退缩并开始自学炼金术。牛顿发表自己的伟大著作《原理》一定是受了甜言蜜语般的哄骗。

牛顿在炼金术、西洋古代史以及《圣经》研读方面都有广泛的著述，后来他成为一名国会议员，改革了英国皇家铸币局，自 1703 年起，他每年都被选为皇家学会会长。1705 年，他被授予爵位。

## 代数基本定理：卡尔·弗里德里希·高斯
### （Carl Friedrich Gauss）

高斯曲率（表面）、高斯概率分布、高斯作为磁场强度单位——德国博学家卡尔·弗里德里希·高斯在数学和科学领域所做的贡献数不胜数，这为他赢得了"数学王子"的美誉。在 20 岁之前，高斯就证明了人们无法采用尺规作图的方式绘制出正十七边形，由此他在几何学领域获得了自古希腊以来最杰出的成果。

1799 年，高斯又取得了另外一大重要成就——证明"代数基本定理"。尽管名义上为"基本"，但实际上，该定律并非近世代数的基础，而是早期数学家提出的诸多数学难题之一。高斯通过一个方程表达式创造了代数曲线并用拓扑学知识分析了这些曲线，其中拓扑学是几何学的一种，它研究那些当角度和线段发生变化时依然保持不变的属性。高斯用一个圆推断出其各条曲线之间的关系，并由此得出了证明。

1801 年，他发表了著作《算术研究》，该书是第一本论述代数数论或称为"高等算术"的系统性教科书。他就这个问题归纳总结了各种零散著述，在一些突出问题上阐明了自己的理论，还对各种理念及研究方向进行了明确分析。高斯还取得了其他诸多突破，其中包括引入符号"≅"表示全等。

高斯曾经描述数论为一种拥有"神奇魅力"的理论，这意味着，"它远远超越了数学的其他部分"。

## 卡尔·弗里德里希·高斯（1777—1855）

高斯生于现属于德国的布伦瑞克，他是出自一个工人阶级家庭的神童，高斯的母亲是个文盲，也未曾记录他的出生日期。年满 14 岁时，高斯的母亲和老师将其引介给了布伦瑞克公爵，他提供了一笔奖学金给高斯，允许他留校并进入哥廷根大学深造。

到 1801 年，高斯已经建立了自己的一套基本数学及科学方法：首先进行大量的实证调查，然后进行思考，继而构建出一套理论。高斯研习并掌握的学科范围之广泛令人咋舌，从天文学到测量学，再至磁学，他习惯于着手调查一个研究领域，做出某项发现或发明，然后就转移至某个别的领域。高斯可谓是一名真正的博学之才。

不过在个人生活中，高斯并不喜欢频频变化，于是他并未从事有助于为他博得公众认可的巡回讲座。他一共出版了178 部著作，还为后人留下了大量未出版的论文、笔记以及回忆录。

**三体问题和混沌理论：亨利·庞加莱（Henri Poincaré）**

诸多伟大的科学家都曾尝试通过一个数学方程式表述太阳系的运作模式，但他们都败下阵来，甚至连艾萨克·牛顿也是其中之一。具体而言，对于两个以上沿着轨道运行的天体，采用数学的方式解释其运动，还需阐明它们为何从不相撞——事实证明，要做到这一点非常困难。1887 年，瑞典国王奥斯卡二世就这个悬而未决的三体问题设置了奖项，现在该问题也被称为 n 体问题（其中 n 是一个大于 2 的整数）。

法国采矿工程师及数学家（儒勒）亨利·庞加莱（1854—1912）已经探索了描述太阳系稳定性的复杂微分方程。他将这个问题加以简化，只关注两个大的天体，因为第三个天体相对小得多而且对其他两者不具有引力作用。这样一来，他就能够证明，这个较小天体拥有一个稳定的轨道，但他未能证明，该轨道可能无法使其远离其他天体。

庞加莱在这个问题上的贡献非常重大，因而赢得了这笔奖金，但他后来发现了一个错误，这意味着，轨道有可能是完全混沌的：最为微小的一种变化或许能导致较大的、不可预测的运动。庞加莱就这样偶然地发现了混沌理论。

在我们现在看来，当时缺乏计算能力，因此对于混沌理论的研究直到 20 世纪 60 年代才开始占据重要地位。针对一个系统做出一些微小改变会引发诸多排列，此时，计算机使得这种大量复杂的计算成为可能。之后，美国的气象学家爱德华·罗伦兹（Edward Lorenz，1917—2008）将此理论应用于自己有关气候变化的模型，还最早提出了"蝴蝶效应"这个概念。

迄今为止，n 体问题依然未能得到完全解决。

## 人工智能：阿兰·图灵（Alan Turing）

深深着迷于数理逻辑，英国的代码破译家阿兰·图灵针对电子数字计算机能否模拟人类智能设计了一项测试。他将其称为"模仿游戏"。

1950 年，图灵在一篇题为《计算机与智能》的论文中发表了他的《图灵测试》。该测试需要三名参与者——一个人、一台机器以及一名审问者——他们在此之前互不认识，测试过程中，他们坐在不同的房间，但能通过电传打字机沟通联系。物理机器要模拟人类心智，图灵设计了一系列测试，旨在观测是否无法区分计算机与人类对其所做的反应。图灵还在论文中发表了一系列论点，反驳计算机无法展现人类智能的主张。

2014 年，俄罗斯的计算机程序冒充一名 13 岁男孩，骗过了超过 30% 的人类评委，从而通过了该测试。

图灵在机器智能领域的研究引发了有关人工智能与人类意识的许多重要哲学问题。他在 1950 年写道："我相信到本世纪末……一定会有人谈到计算机的思维。"目前，它依然存在于科幻小说中，但或许不久就会成真。

## 阿兰·图灵（1912—1954）

阿兰·图灵生于伦敦，他于 1936 年描绘了一台假想的机器，它能自动运算输入的函数，图灵也由此成为计算机发展史上的关键人物之一。

1938 年，图灵加入了英国政府的编码译码学校，于是在"二战"爆发后的翌年，他就被理所当然地安置到了一个破译团队，其基地位于布莱奇利公园，他们的工作旨在破解纳粹代码。

这些代码是由一台被称为恩尼格玛的德国密码机编码生成的，图灵在战时不懈努力，构建了一台名为"炸弹"的密码破解机，最终破解了德方的密码。这是图灵对盟军获取胜利的杰出贡献，而他提出的信息和统计理论帮助密码分析学进入了科学领域。

1952 年，图灵因同性恋倾向而被逮捕，在那个年代，同性恋还是非法的。图灵的高级别安全授权被撤销，他于 1954 年食用了一个浸染过氰化物的毒苹果而自杀。

## 解答费马最后定理：安德鲁·维尔斯（Andrew Wiles）

英国数学家安德鲁·维尔斯（1953—）在年仅 10 岁时就首次思考了费马最后定律，当时他在图书馆的一本书里偶然看到了这个已有 326 个年头的古老问题。三十多年之后，他终于找到了该定理的证明。

1637 年，皮埃尔·德·费马在阅读丢番图的著作《算术》译本时潦草地写下了这个数学难题，他标注写道，自己已经知道如何证明（一种"极其美妙的证法"），只可惜此处空白太小写不下。费马在当时并不可能获得后来维尔斯采用的证明技法，因此很多数学家现在都认为，这个法国人说自己已然证明该定理是搞错了。

费马最后定理表述如下：当整数 $n>2$ 时，关于 $a$，$b$，$c$ 的简单方程 $a^n+b^n=c^n$ 没有正整数解（对你我而言就是整数）。

费马确实也指出，$n=4$ 作为一种特殊情况可以轻易得以证明，因此这个难题并不适用于该情况。到 19 世纪中期，这个定理在很多质数中得以证明，人们借助计算机有可能证明，该定理适用于所有 400 万以内的值。即便如此，要证明该定理适用于所有数字依然是被认为"难以企及"的——这是不可能的，或者至少凭借当时的知识绝不可能。

然而到了 20 世纪，伴随着持续不断的工作，数学家们于 1986 年证明，该定理与谷山志村猜想有关（后来被称为模块化定理），它将椭圆曲线和模形式联系起来——四维空间的复解析函数。如果这种联系是正确的，那么任何费马方程的解法都将创造出一条非模的椭圆曲线，而这是不可能存在的。这一点加之其他涌现出来的新观点，重新唤起了维尔斯对该问题的兴趣。

1994 年，维尔斯就模块化这种全新的理念提供了足够的证明，从而也就证明了费马最后定理。不过，人们发现他的初次证明中有一个小错误。在之前学生理查德·泰勒（Richard Taylor, 1962— ）的协助下，维尔斯巧妙地规避了这个问题，并于 1995 年发表了一份完整的证明。

费马最后定理是个长久以来令人困惑不解的数学难题，维尔斯因在解决这个问题上的杰出贡献而于 2000 年获得爵位。

## 万维网：蒂姆·伯纳斯－李（Tim Berners-Lee）

计算机的发展源自诸如帕斯卡机械计算机这样的早期计数器、查尔斯·巴贝奇（1791—1871）的差分机、阿达·洛夫莱斯（1815—1852）的计算机算法系统以及图灵机。如果将网络中的计算机连接在一起，人们就能看到共享计算机究竟有多么强大，而英国的计算机科学家蒂姆·伯纳斯－李（1955—）于1989年发明了万维网，从而将计算机的发展推入了一个新阶段。

蒂姆·伯纳斯－李在欧洲核研究机构 CERN（欧洲核子研究委员会）工作期间写下了他关于建立网络的最初方案。他构想了一个全球化信息空间，其中所有的计算机都连接在一个庞大的网络中，所有人可以自由地获取数据。在当时，互联网仅仅作为一种基本的机对机网络而被科学家和军队所用，不过伯纳斯－李意识到，采用超文本链接可以允许一名计算机用户"跳"向另一个文件，他可以通过互联网创造出一个访问文档的网。

1990年，伯纳斯－李通过编写超文本传输协议（HTTP）而梦想成真，这成为计算机用来传输超文本文档的语言。此外，他还编写了HTML——超文本标记语言，人们能够借助这种语言编排超文本页面的格式，开发客户程序或启用访问页面的浏览器，还能设立首个网络服务器。

伯纳斯－李谢绝了为自己的发明申请专利，因为他一直希望这项发明可供每个人使用。与此同时，他还参加各种活动，致力于将网络的所有领域向所有人开放。1994 年，他建立了可以监管网络标准和发展的万维网联盟（W3C）。2004 年，伯纳斯－李被授予爵位，他也获得了来自全世界各大高校机构的荣誉。

今天的年轻人几乎无法想象，如果他们的计算机无法与全球各地的计算机联网，这个世界将会是怎样——更不必说将他们的手机、平板电脑甚至智能手表断网了。伯纳斯－李的发明在真正意义上为通信和信息流动带来了革命性的进展。

# 第三章

# 物理学：
## 事物的本质规律

从一颗恒星到一个原子，物理学在不断寻求宇宙中一切
事物的规律。引力的玻色粒子，甚至是炼金石，这一切
未知的事物都有待物理学家的深入探索。

物理学这个词源于希腊语，意为"自然"，这门科学旨在探索自然界的万事万物。物理定律是有关自然的定律，寻求适用于宇宙中一切事物（从一颗恒星到一个原子）的普遍规律构成了物理学史的重要部分。如今，物理学特指研究物质和能量，或者那些作用于物质和能量的粒子及作用力。

直到 19 世纪的最后几十年，人们还一直都依据经典力学原理（或称为牛顿学说）解释这个物理世界：日常生活中的物理。然而，到 1900 年左右出现了全新的研究领域——相对论和量子物理——在此领域，牛顿学说不再适用。

这样一来，物理学现在就被分为两大板块。尽管在科学中，新旧观念的更迭是极为正常的，但"现代"物理学并未取代经典物理学，两者并驾齐驱。经典物理学适用于我们所体验到的世界，比如说声音、电和机械。而现代物理学，诸如量子力学、粒子物理学或相对论，探讨的是自然的极端情况：人们已知的一个原子中最小的粒子、光速或者非常巨大的物体。

## 早期的元素和粒子理论：泰利斯（Thales）和亚里士多德（Aristotle）

人们通常认为，物理学发端于古希腊的哲学家米利都的泰利斯（又译作泰勒斯），他生于约公元前 624 年。泰利斯指出，应将迷信和信仰置于一边，依照观测到的事实解释自然现象。他也是人们已知的提出该理念的第一人。然而不幸的是，他观察了大量的水并推理认为，整个世界都是由不同形式的水组成的。

多个世纪以来，泰利斯一直被人们所遗忘，取而代之的是，西方科学家追随伟大的希腊科学家、哲学家亚里士多德（公元前 382—前 322）的理论。他相信，地球上的万事万物都是由四种元素组成的——土、气、火和水。

亚里士多德的理念被纳入基督教哲学体系，因此在欧洲中世纪早期，人们认为质疑他的宇宙观是不恰当的。事实上，一直到文艺复兴时期欧洲科学开始繁荣之时，这一情况才有所改变。列奥纳多·达·芬奇（1452—1519）是文艺复兴时期涌现的首批伟大人物之一，他是一名机械工程师、发明家以及全才式的科学家。

# 牛顿力学：艾萨克·牛顿爵士

传说有一颗苹果掉落在艾萨克·牛顿（1642—1727）的脑袋上，这引发他"发现"了引力。不过真实情况是，他在花园中漫步的时候思索着苹果为何总是直接落到地上这个问题，从而阐述了他的理论。牛顿于1687年出版了世界上最为重要的科学著作之一——《原理》，并在其中发表了具有开创性的引力理论。该书也包含了他的运动定律，该定律构成了经典力学的基础。牛顿的成就不止于此，他还是数学微积分的共同发明人，在光学领域实现了重要突破，推动了现代科学调查、实验及分析方法的发展。

牛顿的三大运动定律解释了力和质量是如何相互作用产生运动的。该三大定律如下：

I. 任何一个处于匀速运动状态的物体在不受外力作用时总是保持该运动状态。该定律也被称为"惯性定律"，它也证实了早先研究钟摆与落体的意大利科学家伽利略·伽利雷的观点。

II. 某物体的质量为 $m$，其加速度为 $a$，那么其作用力 $F$ 为 $F=ma$。有了这个简单方程，人们能够进行动力学计算。该定律说明了为何物体受到力的作用时会产生速度变化，它还解释了一个现象，即一个力几乎难以挪动一个质量巨大的物体，但同样大小的力却能令一个质量不那么巨大的物体更快地加速。

III. 对于每一个作用力，都存在着一个大小相等、方向相反的反作用力。牛顿的运动规律在这里解释了很多运动，从游泳（你将水向后推动令其远离自己，而水就产生反作用力推动你向前）到在冰面上滑移的汽车（车轮不能对冰面施加力，因而冰面也就无法提供"反作用力"并将车向前推动）。

牛顿的三大定律合在一起创建了经典力学，而他的理论至今仍然是构成经典物理学的基础。

## 控制闪电：本杰明·富兰克林（Benjamin Franklin）

我们有关电的很多词汇都是由本杰明·富兰克林创造的：电池、电荷、导体，甚至包括电工本身也是。长期以来，电都一直被视为一种静态现象，到18世纪40年代，有一种电机能够和琥珀或其他物质摩擦产生火花，人们就以此取乐或者作为宴会中的一种余兴表演。

富兰克林认为自己在实验室看到的电火花和闪电有关，他还相信电并不一定只是静态的，它在某种程度上类似于一种液体而能按照所选路径流动。或者正是这点激发他提出了一项令人毛骨悚然的实验，即在雷暴雨中放飞一只末端拴了金属的风筝。

富兰克林确实证明了闪电与电是相同的，于是采用金属电缆发明了一种避雷针，这种避雷针沿着一栋建筑的侧面上升，底端埋入地下，顶端连接着一个竖起伸入空中的金属棒。

富兰克林是一名多产的发明家，他还设计了一种具有热效率的炉子和双焦点眼镜，据说他本人正需要这些物件。

## 本杰明·富兰克林（1706—1790）

本杰明·富兰克林出生于马萨诸塞州的波士顿，当时那里还是英国殖民地。富兰克林是美国独立战争中的一名领导者，他帮助起草了《独立宣言》，战争结束时也是他和英国签署了和平协议。富兰克林的大儿子威廉依然忠于英国，这也导致了父子之间永久的裂痕。富兰克林拥有很多种不同的成功职业：在不同时期，他分别是印刷工、记者、邮政大臣、外交官和政治家，这似乎和科学家以及发明家有点风马牛不相及。与此同时，富兰克林还是一名慈善家，他帮助成立了多家至今依然存在的机构，诸如宾夕法尼亚州立医院和费城联合消防队。此外，他还是一名热情的废奴主义倡导者。富兰克林认为，相较于科研贡献，自己在公共服务领域所做的工作意义更为重大。

### 青蛙腿和伏打电堆：亚历桑德罗·伏特（Alessandro Volta）

1786年，意大利的物理学家路易吉·伽伐尼（Luigi Galvani，

1737—1798）观察了刚刚割下来穿过铁丝悬挂在铜钩上的青蛙腿，一旦它们触碰到铁丝就会抽搐并收缩。尽管该过程中并无电机运行，但这看起来如同一个电路。伽伐尼认为是青蛙腿在放电，他看到的是某种形式的"动物电流"。他推理指出，这是一种存储在动物体内的力量。

伽伐尼的同胞亚历桑德罗·伏特（1745—1827）并不同意他的观点。伏特对青蛙腿甚至自己舌头进行的实验显示，当神经和肌肉被置于金属电路之间时就会痉挛，在此引导下，他认为任何潮湿材料置于两金属板之间都会产生一股持续性电流。这为电池的发明铺平了道路。

伏特的首个所谓"伏打电堆"是一堆圆柱形的锌片和铜片，它们之间由纸张或皮革和湿布隔开，浸润在盐溶液或稀酸中，电线从顶部和底部伸出。伏特在几种不同的物质上测试他的电堆，证明它确实能产生电流。

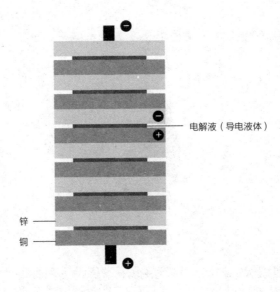

电解液（导电液体）

锌

铜

伏打电堆，第一个电池

伏特并未对他的电堆做出什么大的改进，不过其他科学家很快就认同，该电堆是生成电流的一种可靠方法。人们马上就证明是电堆中发生的一种化学反应产生了电流，汉弗莱·戴维（Humphry Davy）及其他科学家采用该装置分离化学物质或进行电解作用。

阿莫迪欧·阿伏伽德罗　　　　约瑟夫·约翰·汤姆逊

## 原子、分子和电子：阿莫迪欧·阿伏伽德罗（Amedeo Avogadro）和约瑟夫·约翰·汤姆逊（J. J. Thomson）

1803 年，英国化学家约翰·道尔顿（John Dalton）提出，各元素是由一些极为微小且不可再分的单元组成，他将其称为原子。这回归到了曾在古希腊时期就被提出的一个理论，不过该理论在当时一片支持亚里士多德世界观的声音中湮灭了。展望未来，原子将对全新的粒子物理学至关重要，化学和物理学将越来越多地借用彼此的理念。

1811 年，意大利的数学物理学家阿莫迪欧·阿伏伽德罗（1776—1856）将自己全新的"分子"概念引入世界，他认为"分子"是多个原子的组合。在很长一段时间内，阿伏伽德罗有关一定体积气体中所含分子数的定理都未得到认可，不过他创造的新词却被纳入了科学。

直到 19 世纪末的 1899 年，英国人约瑟夫·约翰·汤姆逊（1856—1940）才发现了首个亚原子粒子。他在阴极射线上再次进行了电实验，这种射线是在真空中发射的一种类似于电磁波的神秘射线，但具有金属和气体的某些属性，它们发自阴极射线管或扩散管。汤姆逊发现，这些射线会被吸引到电场中带正电荷的一边，因为异性相吸，这就意味着它们必然携带负电荷。现在，物理学家已经知道，光不带电荷，因此这些射线必然是一些微小粒子。采用全新的磁技术称量这些粒子，汤姆逊发现它们是最轻的原子，氢原子的质量也达到了它的 1800 倍之多，因而这些粒子必然是一些亚原子粒子，他将其命名为电子。汤姆逊指出，其实阴极射线管内的电场将其剥离了自身所在的原子。

**磁学：卡尔·弗里德里希·高斯**

德国的博学家卡尔·弗里德里希·高斯是一名杰出的数学家，此外，他还在监理土地测量时发明了日观测仪，在 1832 年帮助亚历山大·冯·洪堡（Alexander von Humboldt, 1769—1859）绘制地球磁场图的时候发明了磁强计。

仅仅在 12 年之前的 1820 年，丹麦的汉斯·克里斯蒂安·奥斯特（Hans Christian Ørsted, 1777—1851）发现了电和磁两者间的联系，他注意到，发动自己的伏打电堆时，留在那里的罗盘指针就会被磁化，他也由此偶然地证实了法国人安德烈-玛丽·安培（André-Marie Ampère, 1775—1836）的发现，后者证明，磁体的极性会随电流方向的改变而改变。如今，我们绝大多数的电力供应都源自某种或其他形式的电磁。

高斯的小工具由一个从黄金纤维悬吊下来的条形磁铁组成，他用它来测量某个特定地点的磁场强度和方向。他和自己的同事威廉·韦伯（Wilhelm Weber, 1804—1891）建造了第一台电磁电报机，它能将信息传递超过 1.5 公里（0.9 英里）的距离。对于高斯极为重要的一点是，他通过研究磁学得出了多个数学原理，并就该话题撰写了三篇论文。

几乎是一种思考的附带产物，高斯还就地磁力提供了一种实证定义，生成了一种绝对度量尺度，阐述了为何只可能存在两极，证明了一个磁强度与磁倾角有关的定理。

## 电流的磁效应：迈克尔·法拉第（Michael Faraday）

英国的研究者迈克尔·法拉第（1791—1867）早先是一名学徒订书匠，他于1821年首次创造了一台电动机，这激起了自己导师汉弗莱·戴维的愤怒，因为这个学徒头戴光环，令人瞩目。只有到了戴维死后，法拉第才重返自己有关电磁学的工作。他首先证明了电磁旋转，法拉第证明，悬挂的带电电线将围绕一根牢牢固定的磁棒旋转，而仅仅固定于一端的磁棒也将围绕一根固定的带电电线旋转。

法拉第进行了第二项实验，他将两个线圈绕在一个铁环上，令电流通过第一个线圈，其中第二个线圈也有一根电线悬浮于罗盘之上，他想看看这样会发生什么。不出所料，第一个线圈也被磁化了，不过法拉第注意到罗盘磁针也发生了轻微的颤动。他发现了磁感应——借助磁的方法感应电。

通过一些别的实验，法拉第又生成了磁电感应，其中磁被转化为电，他还证明只存在一种形式的电。此外，法拉第还发现了第一电解定律：在某物质上通过电流从而生成的化学效应总是和通过的电量成正比。之后，他构建了一台用于测量电的仪器（伏特计），并用它证明了电解第二定律：某物质的电化当量（电荷）和其普通的化学当量成正比。

法拉第富有开创性的工作引入了一些沿用至今的术语，比如电极、阳极和阴极。他成了一名公众人物，人们向他请教各种各样的科学问题，其中还包括如何保存伦敦国家美术馆绘画的问题。

**电磁辐射：詹姆斯·克拉克·麦克斯韦（James Clerk Maxwell）**

苏格兰的天才式人物——詹姆斯·克拉克·麦克斯韦（1831—1879）被认为是人类历史上最伟大的科学家之一。麦克斯韦兴趣广泛，从光（他认为光是一种形式的电磁辐射的理念帮助爱因斯坦构建了相对论）到统计学在物理学和物理化学中的应用。他还拍摄了世界上第一张彩色照片。

在麦克斯韦对电磁学展开研究之前，人们一直将电和磁理解为向彼此施加力的作用的粒子，而麦克斯韦证明，它们其实应被理解为空间填充的场并以麦克斯韦方程对其做出定义。

它们是：

Ⅰ．异性电荷互相吸引，同性电荷相互排斥（也被称为库仑定律）。

Ⅱ．世界上没有任何一种单独存在的磁极（如果存在着一个北极，那么必然存在一个与之相当的南极）。

Ⅲ．电流能够引发磁场。

Ⅳ．变化的磁场能够引发电流。

麦克斯韦向人们揭示，电效应和磁效应是单个电磁力的不同表现形式，因而在电磁场作用下可以永远将其统一。他描述光是"一种遵循电磁学理论，通过电磁场以波的形式传播的电磁扰动"。

这是对作用力的一种全新的理解方式，不过麦克斯韦预言，世上还存在着其他"电磁场中的扰动"或者其他形式的电磁辐射。果不其然，后来人们又发现了诸如无线电波和 X 射线这样的波。科学家们，无论是物理学家、化学家或是生物学家，很快就习惯于采用电磁波长的术语来讨论各种现象。

詹姆斯·克拉克·麦克斯韦是能够完全理解约西亚·威拉德·吉布斯热动力化学方法的为数不多的几名科学家之一。他于 48 岁时死于癌症。

## 无线电波：海因里希·赫兹（Heinrich Hertz）

倘若德国物理学家海因里希·赫兹（1857—1894）能再多活几年，

就能亲眼见到自己发现的无线电波彻底改变了这个世界，可惜他在年仅三十多岁的时候就死于骨病。

在 19 世纪 80 年代中期，赫兹开始了一系列实验，试图以此探测到电磁波。他采用了一个简易的台面装置，其中包括一个含有感应线圈的电路，一个金属圈和一个火花间隙。在桌面的另一端，他安置了另外一个仅含一个火花间隙的电路。之后，他观察到伴随着感应线圈放电穿过第一个间隙，接收电路中也产生了穿过间隙的更为微弱的火花，这就证明了电波的存在。

赫兹对这些波（之后被称为无线电波）做了进一步实验。他证明，这些波能发生反射、折射和衍射。

赫兹的装置只能帮助他在约 18 米（60 英尺）的距离内探测无线电波，然而他为之后古列尔莫·马可尼（Guglielmo Marconi，1874—1937）研发无线电通信奠定了基础。后者于 1901 年传送了一份穿越大西洋的无线电报。

## X 射线：威廉·伦琴（Wilhelm Röntgen）

1895 年，德国人威廉·伦琴（1845—1923）正在研究从高度真空放电管中发射的阴极射线（电子束）的属性。在实验过程中，他发现自己工作台上的感光屏变成了荧光的，而且当放电管运作时，它就会发光。置于管和屏之间的物体产生的投影能被记录在照相底片上。物体的密度越高，图像颜色就越深，因此如果将一只手放置在那里，骨头就能比肌肉投射更深的阴影。

伦琴将屏幕移至一个相邻的房间并发现，当放电管被激活，依然能产生发光流。这种强大的力量引导伦琴得出一条结论，即这种射线完全不同于阴极射线。对于这种新发现的源于放电管玻璃壁的射线，伦琴无法证明其确切属性，因而他将其称为"X 射线"。伦琴在正式宣布自己的发现之前又进行了更深入的实验，他证明 X 射线在穿越硬纸板和薄金属板的过程中并未发生改变，它沿直线传播，而且在电场或磁场中不会发生偏转。

伦琴在讲演中通过展示一只人手的 X 线射影进行了生动阐述，并公开宣布，自己发现了这些激动人心的新射线。

仅在伦琴公布 X 射线后的数周之内，医院就开始纷纷将其投入应用。X 射线极大地改进了医学科学，并且在晶体学、金相学以及原子物理学中得以广泛应用。然而，并非每个人都喜欢这种东西。美国的一本出版物在一首诗的结尾这样写道：

如今，
我感到它们的凝视，
穿过斗篷和长袍——甚至还能穿透胸衣
那些调皮的，调皮的伦琴射线。

伦琴拒绝从自己的发现中牟取商业利益，他认为这应当免费提供给所有人使用。

## 量子理论：马克斯·普朗克（Max Planck）

一直到 19 世纪末，物理学家并不能解释，为什么某种所谓黑体发出的辐射光谱与根据标准电磁理论得到的期望值并不相符。黑体是一些物体或表面，它们能够吸收一切辐射其上的能量。表面涂有灯黑颜料的物体就是一个完美的黑体，我们也往往将恒星和行星视同为黑体。

在对这个问题进行数年的潜心研究之后，德国的理论物理学家马克斯·普朗克（1858—1947）提出，被人广泛接受的电磁理论指出能量以连续流的形式抵达，但事实并非如此，能量是以单独分开的微小单位或量子的形式抵达，只有这样，人们才能解释这种预料之外的光谱。奇异的量子（quantum）一词源于拉丁语，意为数量，其实它是一种离散单元，是一种无法再做进一步划分的最小单位。

普朗克于 1900 年公布了自己的这一理论，这标志着量子理论或量子物理的诞生，这是针对宇宙基本原则的一种深刻而全新的见解。量子理论包含了诸多理念，比如与观察者相关的宇宙，其中观察某项实验的行为将影响其结果，比如波动粒子二象性，其中亚原子粒子显示

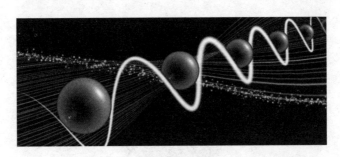
波动粒子二象性

出波动性，还有光量子（光子彼此间是否有相互作用）。尽管他的某些观点听起来非常疯狂，它们仅仅适用于量子能级，而非日常生活的任何层面。

为了采用数学术语描述自己的理论，普朗克建立了一个方程，其中一个振动分子的能量 $E$（以焦耳为衡量单位）等于其频率 $v$（以赫兹为衡量单位）乘以一个全新的常量 $h$（以焦耳·秒为衡量单位），即 $E=hv$。普朗克确定的该新常量后来也被称为普朗克常量。

### 放射性：玛丽·居里（Marie Curie）

1896 年，法国的物理学家亨利·贝可勒尔（1852—1908）发现了铀这种元素发射的放射波，并首次记录了铀的这种"独特活动"。这些波也能够穿透物质和电离空气，从这点上讲，它们有点类似于 X 射线。

玛丽·居里当时正在寻找一个合适的研究课题，她决定查明是否存在别的物质同样拥有这种"独特活动"。她与自己的丈夫皮埃尔一起检测已经将铀移除的废矿，他们发现该"沥青铀矿"依然放出一种奇怪的射线，鉴于铀已经不存在，居里意识到，可能还存在着某些别的具有这种放射活动的物质，他们将其称为放射性。居里及其丈夫发现了钋（以其家乡波兰命名）以及镭，他们还观测到，这种"独特活动"是一种能够影响有机组织的化学性质，但并不知道，这种新发现的放射性物质会对自己的身体组织造成致命性的伤害。

然而，放射性这一发现鼓舞了其他科学家对原子及原子结构进行更深入的研究。1901 年，欧内斯特·卢瑟福（Ernest Rutherford，1871—1937）发现，某些不稳定元素的原子将会分裂形成不同元素的原子，在此过程中会放射出带电粒子。

自 1915 年起，玛丽·居里开始培训医生将镭应用于医学领域，治疗关节炎、疤痕以及某些癌症。她对放射性物质治疗应用的研究促成了医疗 X 射线的发展，在第一次世界大战期间，她将移动的放射线照相技术设备带入战场，借此帮助找到受伤士兵体内的弹片。当时，人们亲切地将这些小盒子称为"娇小的居里"或"小居里"。

## 玛丽·居里（1867—1934）

玛丽·居里出生于当时俄罗斯帝国统治下的波兰华沙，她就读于巴黎大学（索邦神学院），1893年，她成了班里第一个毕业的学生。1903年，居里因和丈夫皮埃尔以及亨利·贝可勒尔在放射领域所做的研究而被授予诺贝尔物理学奖，从而也成为首位女性诺贝尔奖得主。居里创造了很多项"第一"：1909年，居里被任命为巴黎大学的首位女性教授，她接替自己死去丈夫的职务，这多少缓和了居里悲伤的情绪。1911年，居里又因为发现镭和钋而在化学领域获得了人生第二个诺贝尔奖，这也使她成为第一位在不同学科荣获诺贝尔奖的科学家。

尽管成就卓著，玛丽·居里依然遭遇了男性科学家的偏见，而且并未入选法国科学院。后来她死于白血病，人们认为这是由于她长期暴露于放射性物质之中的缘故，她的笔记本至今依然具有放射性。

**相对论的奇迹之年：阿尔伯特·爱因斯坦（Albert Einstein）**

1905年也被称为爱因斯坦的"奇迹年"，因为他在那年发表了四篇论文，每一篇都对人们理解宇宙做出了重大贡献。

首先是爱因斯坦的光的量子理论。马克斯·普朗克早先就曾指出，能量是一些被称为量子的微小单元发射出来的，而爱因斯坦构建了光由量子组成的理论。这些基本的光量子现在被称为光子。

其次，爱因斯坦将布朗运动（貌似是一种微观粒子的随机运动）解释为原子的运动。他与玛丽安·斯莫鲁霍夫斯基（Marian Smoluchowski，1872—1917）共享了这一突破。

第三是爱因斯坦的狭义相对论。他之后提出的广义相对论改变了牛顿有关引力场的观点，而他的狭义相对论推翻了绝对时空的传统概念。爱因斯坦认为，时空都是相对于观察者的，它们会以不同的方式被感知。比如说，在喷气式飞机中旅行的原子钟要比静止位于地面上的一台类似原子钟走得更慢，这种差别是由不同的运动状态导致的。

爱因斯坦在当年发表的第四篇论文指出，能量和质量是可以互相转换的，并给出了 $E=mc^2$ 的方程。这个方程指出，物体的能量等于其质量与光速 $c$ 平方的乘积。光速是如此之快，甚至连极其微小的质量也可以释放出巨大的能量。

总的来说，爱因斯坦对科学的影响不可估量，他在极限质量和极限速度的情况下推翻了牛顿物理学，并引入了观测宇宙的一种全新视角。

## 阿尔伯特·爱因斯坦（1879—1955）

阿尔伯特·爱因斯坦生于一个犹太裔的德国家庭，他在瑞士上学并留在那里工作。1901 年，他在专利局谋得了一份文职工作并获得了瑞士公民身份。这份工作在脑力上的要求实在不高，于是他有精力发展自己的某些科学理论并争取获得了博士学位。之后，他接受了德国科学及学术机构的职位。

后来，纳粹在德国鼓励反犹太主义，爱因斯坦就开启了国外的巡回讲座，并于1932年永远离开了德国，他迁入了美国并于1940年获得了美国公民身份。1952年，他拒绝出任以色列总统。

作为一名和平主义者，爱因斯坦的最后行动之一就是号召全世界的领袖采用和平的方式解决争端。

### 微波和植物生理学：加格底斯·川达·伯斯
### （Jagadis Chandra Bose）

加格底斯·川达·伯斯是一名富有开拓精神的印度发明家，他的各种观点和发现一直到其1937年逝世的数年之后才得到科学界的广泛认可，他在很多方面都超前于自己所在的时代。

伯斯发现了极短波长（仅为数毫米）的存在，他将其称为"毫米波"。在对这些波进行实验的过程中，他顺便搭建了一台改良的无线电探测器以及数个今天看来司空见惯的微波元器件，不过直到五十年之后，科学家们才开始利用他发现的短无线电波的准光学特性。

伯斯在微波方面的工作被人所忽略，但他在植物生理学方面的理论却在当时受到了强烈的反驳。他创造了属于自己的一套高度敏感的仪器，以此来测量植物的生长及其对外界刺激所做的反应，这些刺激包括光、触碰以及温度，还有一些蓄意的令人不悦的刺激，比如切割或者有害的化学物质。伯斯能够证明，植物对这些刺激的反应和人们之前所想的不同，其本质上是电的，而非化学的。

进一步的实验表明，噪音会影响植物的生长：当被暴露于令人愉悦和舒缓的音乐中时，植物就能生长得更快更壮；相反，刺耳和不和谐的音乐环境就会阻碍植物的生长。

在当时，人们认为伯斯的发现特别离奇，植物和动物会以同样的方式对刺激做出反应，很多科学家并不接受这样的观点。如今，尽管人们将其视为一种膝跳反射，但已完全接受了神经系统的这种反应。并没有多少人认为，这能表明植物具有完全的意识。

## 加格底斯·川达·伯斯（1858—1937）

加格底斯·川达·伯斯爵士生于东孟加拉（现为孟加拉国）。他在前往加尔各答之前就学于一家当地的乡村学校，之后又在英国完成了学业。重返印度之后，他成为首位在加尔各答大学总统学院担任教授一职的本土印度人，但较之于承担相同工作的欧洲人，他获得的薪水更少。作为抗议，伯斯拒绝接受这份薪水。他的工作特别出色，最终大学同意给他加薪，并补偿欠付工资。

伯斯曾强烈主张，印度需要建立一个属于自己的技术精进的现代科学基地，他反对种姓（印度社会中严格区别社会等级的制度）差异以及印度教和穆斯林之间的宗教冲突。

伯斯坚持认为知识应该惠及全人类，因而一开始就未曾为自己的诸多发明申请专利。1917 年，他凭借自己对科学的杰出贡献而被授予爵位。

欧内斯特·卢瑟福

## 核物理学的诞生：欧内斯特·卢瑟福（Ernest Rutherford）和尼尔斯·玻尔

1904 年，约瑟夫·约翰·汤姆逊曾经提出过一个原子的"梅子布丁"模型：其中极轻的带负电荷的电子均匀散布在带正电的体块上，于是原子在整体上呈现中性。英国的物理学家欧内斯特·卢瑟福（1871—1937）通过在一片薄薄的金箔上点燃带正电的阿尔法粒子（类似于氦，通常由一个更大原子的衰变释放形成）对此进行了测试。如果金原子处于平衡状态，它们就既不会吸引也不会排斥粒子，而是直接通过探测屏。最终，他发现这并没有发生，某些阿尔法粒子发生反射而脱离了金箔。

1911 年，卢瑟福提出了自己的模型：原子几乎就是一个空白的空间，它有一个微小且高密度的带正电的核，而各个电子在原子的边缘围绕其旋转，犹如在自己轨道中运行的行星。

仅仅在两年之后，他的模型便被尼尔斯·玻尔的模型取代。后者引用了量子物理学这一新领域的原理并认为，视电子携带能量大小的差异，它们只能占据原子核周围某些特定的能级或轨道。他通过电子运动的离心力以及电子和原子核之间的电磁引力计算出了这些能级，还采用光谱分析对其进行了检验。

不久之后，人们又发现原子核其实由中子和质子这两种粒子构成：带正电的质子和中性的中子。到了 1964 年，人们又发现这两类粒子其实由更为微小的粒子——夸克构成，夸克又被分为六种味：上、下、顶、底、奇和魅。这是真的，就算是一名量子物理学家也不能将其凭空捏造出来。

## 尼尔斯·玻尔（1885—1962）

尼尔斯·玻尔在读书时成绩最好的学科是体育，他差一点点就能作为足球运动员代表自己的国家——丹麦出战了。

1912 年，他开始在英国欧内斯特·卢瑟福门下工作。到了 1921 年，在玻尔发展了自己的原子结构理论之后，哥本哈根为其创立了一家新的由其领导的理论物理研究所。

"二战"期间，德国攻克了丹麦。玻尔因具有部分犹太血统于 1943 年被列入丹麦抵抗运动的大规模疏散名单，在此过程中，整个丹麦的犹太人几乎都被安全转移到了瑞典。曼哈顿计划的盟军科学家当时正致力于建造一颗原子弹，他们苦苦追寻玻尔的踪迹，于是他被带到了英国一家由军用飞机匆忙改造而成的炸弹仓。他由于未能及时带上氧气面具而昏厥过去，几近死去。

诺贝尔奖获得者的孩子继续获得该奖项，这样的例子寥寥无几，而玻尔就是其中之一：他的儿子奥格·玻尔于 1975 年荣获了诺贝尔物理学奖。

**玻色－爱因斯坦统计：萨特延德拉·纳特·玻色**
（Satyendra Nath Bose）

1924 年，一位默默无名的印度讲师——萨特延德拉·纳特·玻色（1894—1974）写了一篇题为《普朗克定律与光量子假说》的文章，将其投给了一本科学杂志，但被拒绝了，之后他勇敢地将这篇论文直接寄给了阿尔伯特·爱因斯坦，后者立马将这篇文章发表在一本享有盛誉的科学出版物上。一时之间，玻色在国际上成了一名科学明星。

玻色提出了一种测量亚原子粒子的全新统计方法，从而给出了一种推导普朗克公式的新方法，该方法最初由普朗克创建，用于计算黑体辐射的能量。普朗克本人采用了经典物理学推导其原始公式，而玻色完全回避了这种方法。他另辟蹊径地采用了爱因斯坦的方法，即量子或光的小型能量包表现得如同粒子（光子），也类似于能量波。因此，玻色指出，我们不妨认为黑体能量处于一种不同的状态，一群类似于粒子的光子云位于任何古老的气体云中。不过，玻色并不认为每个粒子在统计上是独立的，相反，他指出人们在进行统计分析时应将其视为确定空间（他称其为细胞）内部的粒子组。

这种方法后来也被称为玻色–爱因斯坦统计，该方法非常奏效，也是对新兴的量子统计科学的一项重大贡献。该统计方法仅仅适用于那些原子内部能够同时存在相同量子或相同能量的状态，因而也能聚集成群的亚原子粒子。为了纪念玻色就其行为规律所做的原始性工作，人们将这类粒子称为玻色子，它们也包括了光子。不能共享相同量子状态的那些粒子则被称为费密子，人们采用一套不同的统计方法来描述该类粒子的行为。

## 矩阵力学和测不准原理：维尔纳·海森堡
### （Werner Heisenberg）

　　德国的理论物理学家维尔纳·海森堡最为出名的是其于 1927 年大致描述的测不准原理。该原理指出，我们有可能确定一个粒子的位置和动量，但并不能同时确定两者，因此要精确预测一个粒子的未来路径或位置也是不可能的。类似于量子物理学的其他方面，该原理也仅适用于诸如原子或部分原子这样的极小粒子。

　　维尔纳·海森堡的测不准原理有助于宇宙非因果或宇宙不可预测理论的发展，这些理论指出，在亚原子层面，科学仅能提出概率，而非确定性。新物理学的这个方面说的是，某项行为仅能在某位科学家对其进行观察或测量的那个点才能被确定，这能"固定"该行为的概率。这和经典牛顿物理学所指出的宇宙具有确定性完全不符。

　　尽管某些科学家对这一整套想法表示反对，但它依然是量子物理学的范式，被纳入了 1927 年哥本哈根诠释（由玻尔和海森堡于 1927 年在哥本哈根合作研究时共同提出的一种把电子波与发现概率联系起来，并主张"波包塌缩"的对物质——波的量子论解释，它已成为量子论的标准诠释）。

其实，早在提出测不准原理之前，维尔纳·海森堡就发明了矩阵力学，它是量子力学的首个数学公式化表述，由此他在量子物理学中留下了自己浓墨重彩的一笔。原子内部粒子的运动会发出光谱线或光频，海森堡就一直试图找到一种可以对此做出解释的数学计算方法。他得出的公式代表了粒子的动量和位置，其表达形式是一个根据初始和终端能级编列索引的系数矩阵。它能采用诸如数字数组这样的标准矩阵以数学的方式生成一个方程。

## 维尔纳·海森堡（1901—1976）

和其他一些伟大的科学家一样，海森堡还是一名年轻学生时就已擅长数学和理论物理学，但对应用物理学的理解比较差。由于未能解释电池的工作机制，他差点没能获得博士学位。

作为一名土生土长的德国人，海森堡因为自己在量子物理学方面的工作而得罪了纳粹，因为纳粹将其视为"犹太科学"而非他们所认可的"雅利安科学"，任命海森堡为慕尼黑大学教授一事就此受阻。不过，在之后的"二战"期间，海森堡被带入纳粹的原子研究小组，而成为盟军担心的可能会创造出原子弹的德国科学家之一，于是他被纳入了盟军的暗杀名单。

海森堡当时宣布，人们不可能制造出原子弹。至今，人们依然无法确定，他是否刻意误导了纳粹。战后，他致力于研究和平利用原子能，并成为欧洲核子研究委员会（CERN）的创始人之一。

## 波动力学和薛定谔的猫：埃尔温·薛定谔（Erwin Schrödinger）

1925 年，法国物理学家路易·德·布罗意（Louis de Broglie，1892—1987）提出，所有的亚原子粒子可能都具有波的属性。数周之后，奥地利的埃尔温·薛定谔创立了波动力学，它以一种数学方法描述粒子的奇异行为。薛定谔采用的方法将粒子视为一种三维的波，其中每个都有其自身独特的波动函数，它们又都适用于一个被称为薛定谔方程的基本微分方程。

薛定谔总是说，从数学角度讲，他的微分方程等价于维尔纳·海森堡运用于量子力学领域的代数方法。人们后来也证明了该陈述。

为了阐明由海森堡提出的量子不确定性原理并证明奇异的量子科学将会变成什么模样，薛定谔提出了或许是历史上最负盛名的思想实验——"薛定谔的猫"。该实验假设一只猫被关在一个密封盒子里，其中含有微量的放射性物质，在接下来的一个小时内，该放射性物质有一半的概率发生衰变并释放出原子，如果确实发生了衰变，该量子事件将触发一个装置将猫杀死。然而，在打开箱子之前，你根本无法知道这只猫是死是活。薛定谔说，直到那时，这只猫都始终存在于两个宇宙之中，在一个宇宙中它是活的，而在另一个宇宙中它是死的，只有打开箱子，这个波动函数才会呈现出一种实际的状态。

# 埃尔温·薛定谔（1887—1961）

尽管出生在奥地利的维也纳，但薛定谔的母亲是英国人，他从小生长在一个既说英语又讲德语的双语环境中。薛定谔在实验物理学领域获得了自己的第一个学位，他本人说这为其奠定了良好的基础。薛定谔发表自己第一篇有关波动力学理论的论文时已经 39 岁了——这对于理论物理学家而言已经是异常之晚。

虽然薛定谔协助创造了新的物理学，但他并不喜欢其概率特性。1926 年之后，他开始钻研生物学以及统一场论中悬而未决的问题。和其他某些量子物理学家一样，薛定谔后来也被东方哲学深深吸引。

薛定谔出了名的沉溺于女色，他有过一段开放式婚姻，他和他的妻子各自都有不少风流韵事，他还和别的女人育有一些孩子，这震惊了全世界的学术机构。

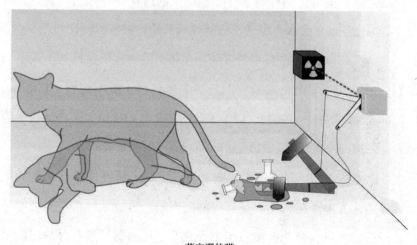

**薛定谔的猫**

利奥·西拉德

恩里科·费米

# 原子弹爆炸：利奥·西拉德（Leo Szilard）和
# 恩里科·费米（Enrico Fermi）

1939 年，匈牙利犹太裔的流亡者利奥·西拉德（1898—1964）说服了阿尔伯特·爱因斯坦写信给时任总统的富兰克林·德拉诺·罗斯福，旨在敦促美国立即启动原子弹的研发工作。西拉德曾经生活在纳粹统治之下，他确信纳粹将争分夺秒地研制这样一种武器。最终，美国、英国以及加拿大联合发动了研制核武器的秘密曼哈顿计划。

"二战"期间生活在盟军国家的很多伟大的物理学家都被纳入了该计划，还包括新墨西哥实验室的负责人罗伯特·奥本海默（J. Robert Oppenheimer，1904—1967），以及团队中最年轻的成员，杰出的科学传播者——理查德·费曼（Richard Feynman，1918—1988）。

西拉德在 20 世纪 30 年代中期首先考虑到了研发持续性核能的可能性，他认为中子链式反应是有可能实现的，迫使某种特定类型原子的原子核发生衰变或释放出一个中子粒子，从而引发各自释放出能量的自维持衰变链。之后，西拉德又将眼光转向了核裂变，即用一个中子轰击一个铀原子，从而引发链式反应。

西拉德于 1942 年加入了曼哈顿计划，最初在芝加哥大学和恩里科·费米（1901—1954）共事，后者是一名放射领域的专家，他证实了中微子或小中子的存在，之前也致力于中子轰击原子的研究工作。在此之前，其他的一些科学家已经实现了核裂变，包括奥托·哈恩（Otto Hahn，1879—1968）和丽斯·迈特纳（Lise Meitner，1878—1968）。

1942 年，费米和西拉德完成了世界上首座原子反应堆或核反应堆，并见证了首次核链式反应。他们在自己的实验室中小心翼翼地操控了实验，不过他们允许链式反应在爆炸中不受遏制地持续进行。

这两名科学家之后都反对研制氢弹，其中西拉德恳请美国军方绝对不要投掷原子弹，他是一名积极反对军备竞赛的活动家。

## 标准模型和希格斯玻色子：彼得·希格斯（Peter Higgs）

"二战"以来，物理学领域取得了很大的进步：和平利用原子能、收集太阳能、突破音速障碍、激光器、超导体、晶体管……不过进入 21 世纪之后，人们明确看到，无论这世上存在着多少量子粒子，牛顿的运动定律和万有引力定律依然是描述我们日常生活的物理学。

1964 年，英国物理学家彼得·希格斯（1929—）以及其他的一些研究者提出了一种玻色子粒子的存在，这种粒子负责使物质得到质量，该粒子被称为希格斯玻色子。由于量子层面的波粒二象性，希格斯粒子总是与量子场紧密相连，根据理论，后者是由这些玻色子在宇宙诞生之时产生的，当时能量首次被转化为物质。希格斯场不仅能够解释某些亚原子粒子行为中的反常现象，还能解释为什么粒子会拥有质量。

大型强子对撞机

自 2011 年以来，人们一直都采用大型强子对撞机进行实验，该机器是世上最大的粒子加速器，位于瑞士的欧洲核子研究委员会（CERN），致力于确认希格斯场或希格斯玻色子。2012 年，欧洲核子研究委员会谨慎地宣布，他们已经确认了一种粒子，尽管未予证实，但其行为方式符合人们对希格斯玻色粒子的预期。

或许伴随统一场论而来的是，我们仍面临着大量的未知事物，如引力的玻色粒子，甚至是炼金石，这一切的一切都有待于未来物理学家进行更深入的研究。

# 第四章

## 化学：
## 发现元素和化合物

化学包罗万象。从古希腊哲学家到中世纪的魔术师，从实验室到原子核，甚至是量子力学，这个广阔的化学舞台等待着更多奇迹的出现。

化学关注的对象是构建组成宇宙的模块：那些无法再被分解为其他物质的化学元素。氧元素除了氧以外不含任何别的物质，铁也只含有铁。然而，作为化合物，氧和氢能生成水，而氧和铁会形成铁锈。

化学探索物质的结构基础，研究其独有的属性以及对物理刺激的反应，描述它们是如何结合在一起的，还尝试如何创造出新物质。

化学的故事包罗万象，从古希腊的哲学家到中世纪的魔术师，从爆炸的实验室到微小的原子核及量子力学。化学领域最为著名的逸事之一当属元素周期表的创建，这是组织各种元素的一种方式，全世界的化学家都可借此一目了然地了解元素的属性。元素周期表目前共罗列有118种元素，但化学家预测，随着对宇宙基本物质的深入研究，我们会发现更多的元素。

## 古老的元素，早期科学和炼金术士：希帕蒂娅（Hypatia）

在很长一段历史时期，人类只能勉强应对一小部分物质元素。某些古老的文化中存在五种元素，比如巴比伦有风、火、土、海、空，中国有金、木、水、火、土。不过经典的四元素是：土、气、火和水。这在长达数世纪的时间内被西方世界所认可，尽管希腊的亚里士多德还额外增加了第五种，恒久不变的天空元素——以太。大约在公元前3世纪，传统世界的学习中心开始从雅典转移到位于埃及的亚历山大港。数百年之后，世界上首位女性科学家希帕蒂娅生活于此。作为一名学者，她开始探索液体的属性。她或许已经发现，各种元素能以不同的形式出现，却依然是同一种元素。比如说，水能结冰，铁能被加热直至熔化，但是直到很久以后，科学家才真正理解，决定物质形态的是元素分子的变化排列。

希帕蒂娅的知识仅仅局限于一些可见的属性，但人们认为是她发明了用来测量液体相对密度和相对重力的液体比重计。

当希帕蒂娅致力于观察、测试和发明之时，在亚历山大港的其他一些科学家也正出于不同的原因从事着相同的工作。人们认为，炼金术于公元4世纪左右在这个城市兴起并作为一种魔术和神秘术蔓延开来。炼金术士主要探寻一些魔法秘密或致力于将普通金属变为金子。

"化学"一词源于"炼金术"，可能最早衍生于意为埃及的古老名字：Khem。中东以及欧洲的炼金术士在不经意间帮助发展了化学知识（比如，金属的化学知识）以及技术，比如亚历山大港的炼金术士——犹太女人玛利亚发明了水浴器，人们至今依然使用这种器械来温和地加热诸如巧克力或焦糖之类的"富有活力"的物质。

## 希帕蒂娅（约370—415）

　　希帕蒂娅的父亲是一名数学家和亚历山大图书馆最后一任馆长。希帕蒂娅是一名希腊－埃及人，她先在雅典接受教育，之后重返出生地亚历山大港，该地区后来也成了拜占庭帝国的一部分。在公元400年左右，希帕蒂娅成为一名哲学和天文学老师，她是一名新柏拉图主义的领导者，也是最后一批古典学者之一。

　　希帕蒂娅拒绝穿戴传统的妇女衣饰，而是身着学士长袍，这在她所在的时代特别与众不同。

　　据当代资料考证，希帕蒂娅因在一场地方冲突中受到谴责而被一名基督教暴徒谋杀。

## 化学作为一门科学的诞生：罗伯特·波义耳（Robert Boyle）

　　炼金术并非仅仅局限于中世纪。从根本上说，17世纪的科学家罗伯特·波义耳（1627—1691）其实是一名炼金术士。不过，人们将其视为区分炼金术和化学的第一人，他认为前者是一种神秘术，而后者是一门科学。

波义耳于 1661 年出版了一本具有里程碑意义的书并对此做了阐述，该书名为《怀疑派的化学家》。他在书中陈述了自己系统性的实验方法，还谴责了多数炼金术士迷信、矛盾、稀奇古怪的信仰及行为。

波义耳是一名爱尔兰的伯爵，他用气体完成了自己的大多数实验。在当时，人们认为空气是一种单一物质，而非多种气体的混合物。波义耳听说德国的奥托·冯·格里克（Otto von Guericke，1602—1686）发明了一种空气泵，于是就自己构造了一个改良版本的空气泵，这样一来，他就能够创建真空或者控制某个容器中的空气量。他证明，空气是生命和燃烧不可或缺的物质，声音不能在真空中传播，而且空气永远是富有弹性的。波义耳由此创建了有关气体的定律，该定律指出，气体占据的空间和该气体的压力成反比。

英国的律师弗朗西斯·培根（Sir Francis Bacon，1561—1626）发表了有关科学方法的提议，波义耳在此之后 6 年出生。类似于当时其他科学家，这个爱尔兰人也开始质疑世界上仅仅存在四种元素的传统观点。化学正处于一轮科学新发展的风口浪尖，但是波义耳始终坚信，人们是有可能将基本金属转变为金子的。

## 化学革命：安托万－洛朗·拉瓦锡（Antoine-Laurent Lavoisier）

到了 18 世纪中期，人们发现并命名了一些新物质，比如说通过处理尿液的复杂过程发现了磷。通过某些有益健康的方法，人们又发现了二氧化碳（"固定的空气"）、氢（人们推测认为它是"燃素"，火的本质）、氮（被称为"燃素化的空气"），以及诸如钡、钼以及钨之类的新金属（实际上是元素）。科学家也开始对化合物，或者说物质是如何结合在一起的有了更深入的理解。

1789 年，法国的化学家安托万－洛朗·拉瓦锡发表了一份元素列表，除经典四元素之外它还包含了其他多个元素，尽管他罗列的 33 个元素之中有好些都是错的。通过和其他科学家共事，拉瓦锡还就化学物质开发了一种全新的命名体系。从根本上讲，人们如今依然采用该体系来表达物质已知的组成成分。

拉瓦锡颇为富有，他拥有一个装备漂亮的实验室。尽管他很少在那里从事原创性的工作，但却能够证实并尝试解释别人的一些观点，有的时候，这就会在谁先谁后这个优先权问题上引发争议。一个突出案例就是，拉瓦锡和英国化学家约瑟夫·普利斯特里（Joseph Priestley，1733—1804）就谁首先发现氧气争论不休。

拉瓦锡的突出贡献在于证明了氧气在燃烧中发挥的作用，由此推翻了空气中的"燃素"或热引发燃烧的"燃素说"。通过对封闭容器的仔细测量，拉瓦锡证明了"脱燃素空气"（普利斯特里所取的名字）是在空气中燃烧的物质，而且恰恰就是加热后金属残留物从空气中吸收的物质。他将这种气体称为"氧气"，意为"形成酸的元素"，这是因为他错误地认为氧气真的能够生成酸。

于是，拉瓦锡命名了我们赖以呼吸的空气。他在化学描述及化学方法论方面实施了标准化，这意味着他推进了化学领域的革命性发展。

### 安托万－洛朗·拉瓦锡（1743—1794）

作为一名法国贵族，拉瓦锡对 1789 年法国大革命之后由新政权提出的一系列合理政策表示欢迎。他留在了巴黎并成为科学院的主任，持续开展自己领导国家火药局的工作，这为未来革命军队在火药方面自给自足提供了保障。

然而，在革命爆发之前，拉瓦锡曾经担任过"税款承包人"一职，专门投资一家名为综合农场的金融公司，该公司贷款给政府并征收部分税款作为补偿金。"税款承包人"往往都变得特别富裕，但也非常不受欢迎。

人心惶惶、充满恐惧的时代降临，这威胁到了曾从旧政体中牟取过利益的每个个体，但这个时候，拉瓦锡认为自己身为

一名颇有价值且忠心耿耿的科学家仍然是安全的。不过事实证
明他错了，和其他诸多"税款承包人"一样，拉瓦锡被捕，随
着其被送上断头台，他的科研工作戛然而止。

## 电化学：汉弗莱·戴维（Humphry Davy）

在英国布里斯托尔研读科学期间，汉弗莱·戴维（1778—1829）所做
的事和今天许多学生相差无几，他尝试吸入一氧化氮（有毒气体）或
所谓的笑气进行实验，凭借有关气体体验的报告，戴维为自己赢得了
伦敦皇家学会的助理讲师一职，并在那里受到了上流社会的欢迎。

当时，电气学仍处于萌芽阶段，伏特电"堆"也刚刚发明。1807
年，戴维以及皇家学会的一些成员采用银 - 锌电池构建了属于他们自
己的电池组，这也是当时全世界最为强大的电池。戴维知道，电流能
够分解化合物（电解），于是在苛性钾和苛性钠的"接地线"上操控
电流方向。安托万 - 洛朗·拉瓦锡已将这些物质纳入自己的元素清
单，而戴维则成功证明了它们其实是化合物，因为它们能够分别被分
解成钾和钠。

戴维继续进行实验并发现了镁、钙、硼以及钡。他还证明了氯气其实是由一种元素构成的，正如某些科学家所预言的，它无法被进一步分解。

然而，对于一般公众而言，戴维更以发明了用于矿业的安全灯而闻名。在危险的矿业中，人们需要携带明火进入矿山，可燃气体往往会从矿内巷道逸出。戴维灯在灯火外面罩了一个金属网，这能防止火焰逃逸到灯外而引燃气体。

## 原子理论：约翰·道尔顿（John Dalton）

追溯到古希腊时代，留伯基（Leucippus）和德谟克利特（Democritus）曾经提出过一个有关物质结构的理论，即宇宙是由各种微小可见的被称为原子的颗粒构成的。该词源于希腊语，意为"不可切割的"。当时，该理论相对而言并不太流行。在印度，佛教思想也认为物质由微小的基本单元构成。然而在西方世界，亚里士多德有关物质构成的四元素说在长达数千年的时间内占据了统治地位，直到后来一名英国气象学家探测发现了气体的根本属性。

约翰·道尔顿（1766—1844）自己也不能准确地回忆起究竟是什么引领他创建了这样一个理论，即气体以及所有的元素都是由微小原子（借用希腊词汇）组成的，其中每种元素的原子都独一无二，而且有着自己区别于其他元素的相对质量。他得出一条结论，化合物是由两种不同元素的原子结合形成的，当原子重新排布时，化学反应也就出现了。最后，他推理指出，人们无法制造或毁坏原子。

道尔顿认为自己能够证明这个理论，由于一个容器的氢气在质量上要轻于一个容器的氧气，因此组成它们的基本单元必不相同。此外，即使当它们被混合于一个容器内，这些不同的气体会作为独立的实体而弥漫开来（扩散），因此它们必然是由独一无二的单位组成的。他将最轻的气体——氢定义为1，继而将其他气体与大量氢结合，试图以此发现其他气体的相对质量。

道尔顿提出，原子聚集在一起形成分子（命名极小微粒的新创词），他还指出，各个元素会以固定比率结合在一起，比如碳和氧以1:1的比例结合形成一氧化碳，以1:2的比例结合形成二氧化碳。不过，他有一个错误的观点：他认为氢和氧以1:1的比例结合形成水。法国人约瑟夫-路易·盖-吕萨克（Joseph-Louis Gay-Lussac，1778—1850）将该比例修正为2:1，他就此打开了一扇人们对氧化物进行化学探索的大门。

尽管就目前来看，原子理论和粒子物理学紧密相连，而道尔顿的工作在化学领域。他向人们展示了如何将两个学科联系在一起，这构成了许多现代集成类科学的基础，比如电化学、放射学、核物理学以及量子化学。

## 同分异构现象和有机化学：

## 尤斯图斯·冯·李比希（Justus von Liebig）

　　具有相似分子式的物质，也就是具有相似原子组合的物质，它们是否会有各不相同的表现呢？通过独立的研究，德国化学家尤斯图斯·冯·李比希和弗里德里希·维勒（Friedrich Wöhler，1800—1882）发现这样的相似物质确实可能有不同的表现——假如其分子拥有不同的排布结构。即使分子层面的形状出现微小改变也能导致其属性出现更大规模的变化。他们发现了同分异构物，这是由永斯·雅各布·贝采利乌斯（Jöns Jakob Berzelius，1779—1848）于1830年首创的一个词语。他是一名瑞典的化学家，还顺便引入了化学符号的拉丁标注法（比如，从拉丁语的铁 ferrum 一词出发提出了铁的元素符号 Fe）。

　　同分异构物在分子内部拥有不同的化学键，或者它们互为彼此的镜像。如今，这类同分异构物在医药化学中尤为常见。举例而言，芬特明是一种降低食欲的药物，但是对其原子进行重新排布，我们将得到一种强力的兴奋剂——右旋安非他命。

　　冯·李比希最初的兴趣点在有机化学，他对含碳分子的研究令其兴趣转向应用化学，尤其是化学科学在食物、农业和营养学方面的应用。1838年，他这样写道："所有有机物质的生产不再仅仅是生物有机体的专利，人们必须看到，我们不仅有可能，而且必然能在自己的实验室内生成这些有机物质。"

　　冯·李比希继续从事这项工作并生成了一种肉类提取物，此外，他还通过土壤分析探索发现了对作物施肥的最佳方式，甚至还生成了他自己的肥料。在此过程中，他证明一株植物的碳含量不仅源于腐叶土或腐殖质，还来自光合作用。

1908 年，另外一名德国人弗里茨·哈伯（Fritz Habe，1868—1934）发明的一种方法，可以将空气中的氮大批量转化为用于供给生命的肥料。他还进一步发明了用于第一次世界大战的化学武器。

## 尤斯图斯·冯·李比希（1803—1873）

李比希出生于德国的达姆施塔特，他的父亲——一名化学产品制造商，在那里拥有一艘船，更重要的是，他还拥有一间实验室。李比希小的时候就能在那里用各种化学品进行实验。李比希不成熟的实验不仅在学校引发了爆炸，还对自己家造成了结构性的破坏，他的父母决定让自己的儿子跟随一名药剂师当学徒，这既能保全自己的家不被炸个七零八碎，也能给李比希的职业生涯提供支持。

李比希在 21 岁时就成了吉森大学的教授。他是一位激进式的老师，坚持认为化学应当成为一门独立的学科，而不仅仅是药学研究的一部分。可能是回忆起了自己曾经闯的各种祸，李比希也鼓励大家在受控环境下进行实验室内的实验。他的方法也成了全世界的标准模型。

**替代法则：让－巴蒂斯特·杜马（Jean-Baptiste Dumas）**

19 世纪早期，被人们广泛接受的分子结构理论指出，所有的化合物不是阳性的就是阴性的，而化合作用是异性相吸的结果。该"二元"理论尤其得到了永斯·雅各布·贝采利乌斯的认同。

但是法国教师兼政治家让－巴蒂斯特·杜马（1800—1884）发现，经氯气漂白的燃烧蜡烛会冒出氯化氢烟雾，于是得出结论，"在漂白的过程中，松脂中烃油内的氢被氯所取代"。他还证明，某些情况下，氯或氧原子（带负电的）有可能在没有任何剧烈结构变化的情况下取代氢原子（带正电的）。

贝采利乌斯以及包括尤斯图斯·冯·李比希在内的其他一些科学家对此发现表示了强烈怀疑，杜马不得不放弃这一立场。不过长远来看，该理论确实取代了贝采利乌斯的理论。

杜马鉴定了一些化合物的组成成分，比如通过蒸馏木材的方法识别了尿烷和甲醇，他在该领域的工作获得了更多的认可。此外，他还发现了某一物质在气相中的质量、温度、体积和压力，并借此改进了测量蒸汽密度的方法。这直接引导人们更为精准地测定 30 种元素的原子量，这占到了我们现今所知总量的一半。

杜马是有机化学研究领域的先锋。和李比希一样，他也是坚持成立科学实验室和实施严格实验的首批老师之一。尽管杜马取得了诸多卓越成就，但是他担心那些年轻的化学家将威胁自己的声誉，于是他利用自己在科学院的领导地位阻碍了他们的职业发展。

**本生灯：罗伯特·威廉·本生（Robert Wilhelm Bunsen）**

德国人罗伯特·威廉·本生（1811—1899）拥有大量的发现和发明，尽管如此，他最为人所知的还是以其名字命名的煤气灯。1855 年，他以迈克尔·法拉第（Michael Faraday）发明的灯为基础制作了这样一盏煤气灯，这彻底地改变了化学的实践操作。

本生自己的大学实验室构造简陋，配备的是具有潜在毒性的煤气，他发明本生灯正是受此启发。本生需要一种能够同时提供光和热的可靠气体，他设计了一个燃烧器，其底部附近设置有气孔，这能使气体和空气在点火之前混合并能产生一簇高高的火焰。人们还可以增加空

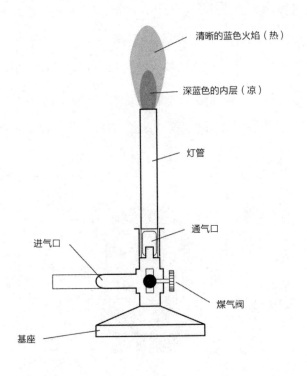

清晰的蓝色火焰（热）

深蓝色的内层（凉）

灯管

通气口

进气口

煤气阀

基座

本生灯

气流生成适用于实验室玻璃器皿的清洁炽热的蓝色火焰。

　　本生灯的蓝色火焰不会对燃烧元素的颜色造成较大干扰，这对当时刚刚兴起的光谱学做出了贡献，后者的研究内容是不同元素燃烧火焰所释放光芒的颜色或光谱。本生和古斯塔夫·基尔霍夫（Gustav Kirchhoff，1824—1887）采用此类分析法鉴定了一种新的碱金属——铯。

**元素周期表：德米特里·门捷列夫（Dmitri Mendeleev）**

元素周期表在化学中处于核心地位，它将所有元素依据其基本属性及所属组群罗列出来，这是一张全世界化学家都能立即读懂的图表。

俄罗斯的德米特里·门捷列夫并不是尝试对已知元素加以分类的第一人。其他的一些科学家，尤其是英国化学家约翰·纽兰兹（John Newlands，1837—1898）之前就曾注意到了各元素化学属性的组合模式。纽兰兹提出了"八行周期律"，因为似乎所有这些属性能被分成七组，每八个元素可以开启新的一行。

门捷列夫的基本排布遵循了原子序数的顺序，即原子核的质子数。他增加了化合价作为另外一个变量。化合价代表着一个原子的化合力，这与其外层中拥有的电子数相关，因而能在化合时发挥作用，并与其原子序数基本一致。具有相同化合价的元素以周期模式在表中从上到下排列形成一个垂直组，比如说，排在最后的惰性气体和卤族元素都从上到下形成一列。门捷列夫的元素周期指表格中的横排，而纵列则是具有相似属性的元素组。同样重要的，他令人信服——而且

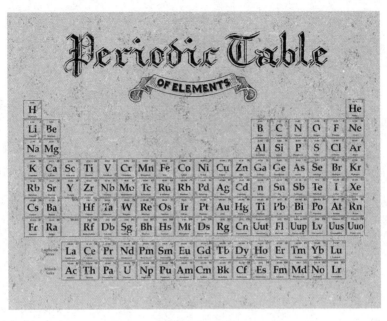

现代元素周期表

正确地——在自己的表格中设置了空隙，它们代表着那些尚且未知的元素。

　　门捷列夫的元素周期表很奏效，尽管当时没有人确切知道这究竟是为什么。碰巧，如今我们已经能够通过原子最外层的电子数量解释他当时尚未注意到的那些周期模式。

## 德米特里·门捷列夫（1834—1907）

　　门捷列夫生于俄罗斯西伯利亚的一个小镇，他是一名教师家庭中 14 名幸存孩子中年纪最小的一个，当然对于该家庭而言，不同资料显示的孩子数目也不一而同。门捷列夫在 14 岁时前往圣彼得堡继续求学，并在那里度过了人生中的大部分时光。他于 1864 年获得了第一个教授职位。

在获得一份奖学金之后，门捷列夫到德国的海德堡大学深造了两年，他并没有和大学的其他化学家，其中也包括罗伯特·本生建立密切的联系，而是在公寓内构建了自己的实验室。

1860 年，门捷列夫参加了在德国卡尔斯鲁尔召开的国际化学会议，他在那里接触到了有关原子量的新观念，这些信息帮助他搞清楚了组织各种元素的方法。

## 统计力学和热力学：约西亚·威拉德·吉布斯
### （Josiah Willard Gibbs）

在 19 世纪 70 年代早期，物理化学仅仅包含彼此孤立的观察和事实。这是一个从物理学定律以及诸如能量、作用力和运动这样的应用型理念及原则的视角出发研究化学体系的领域，其中包括通过动力学（对运动及其成因的研究）或者观察影响材料抗张强度或塑性的作用力探索化学反应速率。

1875—1878 年间，美国数学家及物理学家约西亚·威拉德·吉布斯（1839—1903）发表了一篇长达 300 页的名为《论非均相物体的平衡》的论文，由此该学科开始发生改变。该著作包含有 700 个数学方程式，不仅汇集并阐释了物理化学领域的各种发现，还提出了吉布斯个人的观点。他觉得旨在研究热、温度、能量和功之间关系的热力学将有助于探索和阐释各种化学状态。

吉布斯实际上是一名理论家，他和詹姆斯·克拉克·麦克斯韦以及路德维希·玻尔兹曼（Ludwig Boltzmann，1844—1906）一起推动了统计力学的发展，这是他原创的一个用于解释热力学（大量粒子集合的统计属性所造成的结果）的新词。吉布斯还利用统计力学分析了各种化学物质和化学反应。

吉布斯引入了化学势的概念，它指的是某体系内能的增加量与其中分子数目增加量的比率。他还描述了用于测量热力学状态的自由能。

吉布斯的工作难以理解，即便对于其他的理论家而言也是如此。当约西亚·威拉德·吉布斯于 1879 年过早逝世时，有一个笑话在美国传播开来：世界上只有一个人能理解吉布斯，而这个人现在也死了。

## 生物化学与合成化合物：埃米尔·费歇尔（Emil Fischer）

德国的有机化学家埃米尔·费歇尔（1852—1919）在糖和蛋白质的结构及嘌呤（共享一个化学分子群的某些化合物）的性质方面有了许

多重要发现。他对碳水化合物和氨基酸的描述帮助构成了生物化学这门学科。

费歇尔对嘌呤的研究工作持续了17年。最初，他于1882年证明了数种看似毫无关联的天然化合物其实在化学上是相互关联的，其中就有诸如尿酸之类的动物产品，也包括源于植物的咖啡因和可可碱（发现于巧克力中），不过它们拥有一个共同的原子组——"五个碳原子和四个氮原子以一定的方式排布，于是形成了两个含有两个共同原子的循环群"。他将这种共有的链环命名为"嘌呤"，同时发现所有的嘌呤都能由彼此形成。

费歇尔始终热衷于化合物合成的研究。他不仅证实了它们的结构，还希望能借此提供廉价的医药制品甚至是食品，其中巴比妥类药物就是他的工作成果之一。他设法合成了数种嘌呤，还在对糖进行调查研究之后成功创造出了合成葡萄糖及合成果糖。费歇尔发现酵母酶（能够影响化学变化，然而自身不发生改变的天然蛋白质）仅能吞食某种特定形状的糖类同分异构体，他由此意识到，酶活性是由分子结构，而非分子内容所决定的。

费歇尔还合成了数种氨基酸并发现了将各种氨基酸连在一起的链条。总而言之，费歇尔的主体工作极大地推动了生理学研究。然而不幸的是，他早期有关苯肼的博士研究可能令其罹患了癌症，他还遭受了汞中毒的痛苦。不得不说，早期的化学研究是一项危险的工作。

## 惰性气体：威廉·拉姆齐（William Ramsay）

到了19世纪，人们迅速地发现了各种元素——从气体到金属，它们的化学位置也得以确定。不过在19世纪90年代，一组气体被孤立出来，它们似乎不会与别的物质发生化学相互作用。这些气体具有零价，因而似乎在元素周期表上找不到属于它们的位置。它们过于"懒惰"而无法和其他普通元素"玩耍"。

19世纪90年代，苏格兰人威廉·拉姆齐（1852—1916）搜集了此类气体的第一批样本。他和英国人瑞利勋爵（Lord Rayleigh）同时意识到，从大气中搜集的氮密度与化学反应生成的氮密度并不相符，由此首次发现了氩。他们分离所有已知气体，进而找到了一种极为微量的新气体并为其取名为氩，该词在希腊语中意为"懒惰"，因为它看起来似乎什么也不做。

1898年，拉姆齐首先将空气液化，然后将其加热，并在其沸腾汽化的时候收集每种气体，他由此发现了同族中更为稀有的气体——氖、氪和氙。拉姆齐还于1895年发现了氦，1900年确认了氡，和之前所述的气体一起，这些气体在化学上是惰性的——它们不会与其他元素发生化学反应。它们作为第八组在元素周期表中找到了自己的位置。

惰性气体在某些情况下能够生成明亮而多彩的光芒，这意味着，如今稀有的氖气可要比很多常见的元素更为人所知了。

## 自由能和共价键：吉尔伯特·牛顿·路易斯
### （Gilbert N. Lewis）

在约西亚·威拉德·吉布斯系统性地阐述了化学热力学理论之后的 20 年，物理化学领域几乎没有实践性的工作进展（也许是因为人们实在难以理解吉布斯的缘故）。

美国人吉尔伯特·牛顿·路易斯（1875—1946）试图通过测量化学反应物的未知自由能值来填补这一空白，该值会随着热力学状态的不同而发生变化。他还就如何测量熵值，或者某个体系中的无效能进行了实验。他的工作帮助预测了化学反应是否还能够开始，会进行到底还是达到平衡状态。

路易斯的另外一大重要贡献在于根据原子价（原子最外层的电子数）推理出元素间的结合，他最早在 1902 年产生了这样的想法，当时的物理学家刚刚意识到电子是以特定的顺序排布在原子核周围的。路易斯将一个原子想象成一个立方体，其中每个角落都有电子的空间。他提出，当原子交换电子并使每个装填满的角落都达到理想排布状态时，化学键就形成了。路易斯持之以恒地提炼自己的观点并于 1916 年指出，当原子在实际上共享电子时，化学键就出现了。后来，人们将此发现命名为共价键。当一个电子尚未被共享时，路易斯将其描述为一个"自由分子"，不过如今我们称其为"自由基"并会想方设法将其从体内清除出去。

**化学键和蛋白质结构：莱纳斯·鲍林（Linus Pauling）**

美国人莱纳斯·鲍林——20世纪最为重要的化学家之一，在20年代，他是最早开始探索化学键本质的人，他在研究时常采用量子力学的观点。和其他很多现代的化学家一样，他应用了最初由物理学开发的技术。鲍林有诸多突破性的发现，其中他看到了这样一个事实，在化合物的分子内部，电子的运行轨道是混杂或结合的。他还证明了一点，正如电子在共价键中被分享一样，原子间的电子在离子键中交换是一种极端情况。之后，在1949年他和他的研究团队确认了镰状细胞性贫血的分子基础。

到了20世纪50年代，鲍林将注意力转向蛋白质分子结构的鉴定。这些结构巨大、脆弱而复杂，于是鲍林采用了自己独创的建模方法，首先了解分子构建模块的结构——在此情况下指氨基酸——之后观察它们彼此之间的联结方式，最后构建一个模型以证实他的调查结果。

鲍林再次采用了新技术，他借助 X 射线衍射分析蛋白质分子，其中物质会令 X 射线分散开来，而衍射图样能提供有关原子晶格的信息。

鲍林及其团队详细阐明了氨基酸仅仅会在末端互相结合，并形成一种刚性结构的理论，他还成功证明了三维螺旋结构——α 螺旋——这是多数蛋白质的组成部分。

鲍林在为 DNA 生成精准模型方面并不太成功，因为他再次提出了三螺旋结构——这比实际上多了一个螺旋结构。

## 莱纳斯·鲍林（1901—1994）

鲍林生于美国俄勒冈州的波特兰市，14 岁的时候，他在一位朋友进行化学实验时目睹了令人难忘的化学反应，自此便痴迷于化学。他立马在自家的地下室里设立了一个自己的实验室，并于 1917 年起在俄勒冈农学院（如今的俄勒冈州立大学）攻读化学工程课程。不久以后，当鲍林自己尚且只是一名本科生时，他就被邀请去给其他的本科生教授这门学科，比如他在该领域掌握的前沿知识。

鲍林从 20 世纪 30 年代开始集中研究大生物分子（存在于生物活体中的分子）的结构，并于 1954 年被授予诺贝尔化学奖。自 20 世纪 60 年代起，鲍林把更多精力花在了和平运动方面，号召科学界禁止核武器试验，并于 1963 年荣获了诺贝尔和平奖，他也由此成为史上唯一一位荣获两项非共享诺贝尔奖的人物。

## 合成化学：艾里亚斯·詹姆斯·科里（Elias James Corey）

有机合成的实现基于埃米尔·费歇尔以及其他一些科学家的工作，它指通过化学工艺，采用简单的原始材料生成复杂的有机化合物。合成化学能够生成各式各样的物品，包括尼龙、塑料、涂料、杀虫剂，以及其他诸多药剂制品。

设计合成复杂有机分子（目标分子）的传统方法如下，首先获取简单或现成的材料，然后通过一系列的化学反应将其组装起来形成目标物。化学家往往觉得很难解释究竟为何选择这类原始材料或者这一系列的反应过程。20世纪60年代，哈佛大学的化学教授——美国人艾里亚斯·詹姆斯·科里（1928—）意识到，人们需要一种更具规划性和结构性的方法，于是他建立了逆合成分析的原则。

该技术包含了一种富有逻辑性和系统性的方法。首先瞄准一个目标分子，然后分析如何将其分解为更小的亚单元，继而将其进一步拆解，直至最终获得简单的原始材料。采用这种逆向方式开展工作之后，人们有可能简单迅速且高效地构建出目标分子，其中的每个步骤都被记录下来，而且可以逆转。

科里的研究组凭借这种广泛适用的方法合成了超过 100 种产品，尤其是一些药剂物质，其中包含前列腺素以及其他一些用于引产、治疗血栓、过敏和感染及控制血压的类激素物质。某些物质在自然界中只有少量存在，不过多亏了逆合成分析，目前人们已能在全世界的医院和药店货架上找到它们。

**飞秒化学：哈迈德·泽维尔（Ahmed H. Zewail）**

化学反应发生得实在是太快了，人们只能以一秒中的极小一部分来描述它，该时间单位也被称为飞秒。一飞秒只有 $10^{-15}$ 秒的时间。在化学反应的这个过渡态期间，分子中的原子极其迅速地移动，它们重新排布自身的时间不超过 100 飞秒。

20 世纪 70 年代，大多数科学家认为，我们实际上永远不可能看清，在如此迅速的反应过程中究竟发生了什么，不过生于埃及并在加州理工学院工作的化学家哈迈德·泽维尔（1946—）意识到，或许人们能利用最近研发的快速激光技术，将其作为一种化学领域所需要的超快"摄像机"。快速激光能够生成仅仅维持数个飞秒的闪光或光芒，到了 20 世纪 80 年代，泽维尔开始采用一系列的闪光激发某个化学反应并记录其中的变化。

泽维尔最终研发了这样一种方法，首先在一个真空管中混合各种分子，然后通过快速激光向混合物照射脉冲。第一次闪光激活了化学物，启动了反应，之后的连续光束记录下了由此生成的分子光图像或光谱。人们能进一步分析这些数据，从而探明分子发生结构变化的过程。

对于一名化学家而言，这是一项革命性的突破，相当于能够观测化学键分解及重组的过程。人们以前只能想像原子和分子身上发生了什么，而现在却能"目睹"化学反应的过程，还能更加方便地规划实验并预测结果。

泽维尔的技术也被称为飞秒光谱学或飞光谱学，他的整个研究主体也成了物理化学中的一片崭新天地，人们称其为飞秒化学。它能为很多领域提供重要的应用，从医学的发展到电子产品的设计。泽维尔本人则将其称为与时间赛跑中的终极成就。

显然，利用物理学中的技术将构成未来化学领域的重要部分，从用水搭建结构的可能性到硅纳米管。元素周期表尚未完全填满，还有一些化合物等待着人们去合成。广阔的舞台等待着明日的化学家继续创造奇迹。

# 地球生命的特征

从动植物到微生物，所有生物共同经历着某些特定的进程。进化论引导人们发展了遗传学、细胞生物学以及分子生物学，如今，生物科学又涌现出越来越多的分支。

地球上的生命实在是五彩缤纷，从体型最为巨大的动植物到肉眼无法看见的微生物，然而所有的生物都共同经历着某些特定的进程。它们都经历着被称为新陈代谢的物理与化学变化，该过程对食物进行加工，产生成长和繁殖所需的能量。

　　古老的文明早就识别了一些动植物，其中有些是能为其所用的，有些是他们害怕恐惧的，还有一些是不可食用的，他们还创建了生物的第一种分类。草药医生使植物药用的知识得到了发展，而解剖学家则通过解剖和观察开启了人类和动物身体运作机制的发现之旅。

　　欧洲的探险家于15世纪开拓了新世界并发现了丰富多样的新物种，这是他们前所未见的。16世纪问世的显微镜将微生物以及所有生命的基础——细胞带入了人们的视线。植物和动物的分类系统变得更为复杂了，这一状况直到 18 世纪才出现转变。当时的瑞典科学家卡尔·林奈（Carolus Linnaeus）无意中发现了一种简单的通用系统，这也构成了今天分类学的基础。

现代生物学始于查尔斯·达尔文（Charles Darwin）的自然选择进化论，该理论追寻了生物体中各种生物特性的兴衰变化，这引导人们发展了遗传学、细胞生物学以及分子生物学，并为人类控制生物进程，进而促进工业和医学的发展铺平了道路，其中就包括遗传工程与合成生物。如今，生物科学在实验性研究领域涌现了越来越多的分支，这表明，自人类对自然历史开展早期研究以来，该学科已经取得了非常巨大的发展。

生物的分类：亚里士多德

古希腊的学者亚里士多德尽管以哲学家的身份为人所知，但他也对自然世界的方方面面颇感兴趣，他也被誉为世界上第一位伟大的生物学家。作为一名早期的经验主义者，亚里士多德是一名勤勉的观察者，积累了大量有关动植物行为及结构的数据。他还对超过 500 种不同的物种加以分类——他的学生泰奥弗拉斯托斯（Theophrastus，约公元前 370—前 285）继续承担了该工作。

亚里士多德认为，每个物种都是为某个特定目的设计而成的，物种是固定不变的，这个观点一直盛行，直到达尔文于 1859 年发表了进化论。亚里士多德的独特贡献在于其为所有生物创建了一个分类系统，他按照两大主要标题将所有已知生物体分组：植物和动物。根据不同的生活空间：陆上、水中和空中。动物又被分为三类。脊椎动物有别于无脊椎动物，它们分别被命名为"有血"动物和"无血"动物。有血动物根据繁殖方式的不同又被进一步分成两类：胎生（哺乳类动物）和卵生（鸟类和鱼类）。无血动物包括昆虫、甲壳纲动物以及有壳目（软体动物）。

他引入了一种早期的双名制，赋予每个生物体两个名字：其中一个是属名或家族名（属），第二个名字则通过某些独一无二的特征区分该家族中的不同成员。

亚里士多德的这个体系盛行了 2000 年，也构成了 18 世纪林奈分类法的基础。举例而言，青蛙生来就有鳃，而且生活在水中，但长大后又拥有了肺，这样一来，它们就属于两个分类：水中生物、陆上生物。有的时候，亚里士多德的推论也是错误的，其中就包括他的一条结论，即苍蝇是由腐败的粪肥自发生成的。

伟大的存在之链或者自然之梯源于亚里士多德与柏拉图的层次分类概念，许多西方学者对此都深信不疑。上帝伴随着天使位于这个完美梯级的顶端，其后是国王及其随从，接着是动物、植物和矿物名列最末，位于底部。人们认为，这种层级结构是上帝的旨意，该观点一直到中世纪都占据着统治地位。

## 显微镜下的自然：安东尼·范·列文虎克
## （Antonie van Leeuwenhoek）

17 世纪，安东尼·范·列文虎克发现了微观世界，欧洲的科学就此出现了革命性的进展。

列文虎克是一名荷兰的镜片制造者，他制作了超过 500 台显微镜，也是世界上首位微生物学家。他的显微镜其实就是简单的高效放大镜，并不是那种带有复合透镜或者多镜片的现代显微镜，尽管如此，当同时代的其他仪器制造商只能将自然物体放大 30 倍的时候，他已经能够实现放大 300 倍的效果。

列文虎克清晰的单镜头被置于两片金属板之间，它们被铆接在一起，固定于仪器基座上方的三或四英寸处。列文虎克对自己的某些技术进行了保密，不过他可能利用了球面的属性提高图像质量，也可能是将自己的标本置于球形液滴之中。

列文虎克对置于显微镜下的一切事物都很好奇，他检测了植物、动物组织、昆虫、化石以及水晶。结果，列文虎克成为描述生命诸多微观特征（比如活的精子）的第一人。他的发现还推翻了人们的一项普遍共识，即低级生物能由自然材料的腐败自发生成，比如沙子或灰尘生成跳蚤，比如腐败的小麦生成粉螨。列文虎克证明，这些微小的生物和大型昆虫具有相同的生命周期。

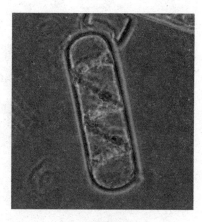

**水棉属绿藻**

他的重大发现之一当属单细胞生物体。1674 年，他这样描写了一片池塘水："我发现其中漂浮着各式各样的泥土颗粒，还有一些绿色的条纹，以螺旋状缠绕着，……其中每个条纹的圆周长差不多相当于我们头上一根发丝的厚度。"他发现的其实是水棉属绿藻的单细胞结构。皇家学会认为他的报告实在令人难以置信，于是将其寄送给特别使团予以鉴定。该使团由一名教区牧师、几名医生和律师组成，1680 年，列文虎克的观察结果得到了完全证实。

此外，列文虎克还发现了细菌，他还为自己所见的诸多微小生物创造了一个新词"小动物"（animalcule）："存在着很多非常微小的动物生命，它们极其可爱地做着 a 形运动，击打着水面（或者吐着泡沫），犹如穿过水面的一把矛头。"

## 安东尼·范·列文虎克（1632—1723）

17 世纪的科学家普遍接受过大学教育并拥有富裕的家庭

背景，不过列文虎克出生于一个商人家庭。

16 岁时，他在阿姆斯特丹跟随一名纺织商当学徒，当时的人们用放大镜计量材料中织线的密度，从而检测布料的质量。该镜片被固定在一个底座上，能将物件放大三倍。这样一来，列文虎克就接触到了放大原理，不过据说，英国科学家罗伯特·胡克（Robert Hooke，1635—1703）于 1665 年撰写的一本名为《显微图谱》的畅销书才真正点燃了列文虎克探索微观自然世界的兴趣。该书包含了诸多微小物体和生物的报道及生动图片，其中就有跳蚤和虱子。

列文虎克在三年内不断地打磨镜片来制作自己的显微镜，伦敦的皇家学会连续多年对他的观察进行了报道，该学会也是当今世界现存的最为古老的推动科学进步的学会。

**通用分类法：卡尔·林奈（Carolus Linnaeus）**

科学革命中还席卷了一股潮流，植物学家试图对探险者发现的所有植物和动物进行命名和分类。瑞士的自然学家康拉德·冯·格斯纳

（Konrad von Gesner，1516—1565）通过果实对植物进行了分类，意大利的植物学家安德里亚·西萨皮诺（Andrea Cesalpino，1519—1603）通过种子结构对植物进行了分类，此外还有很多更富竞争性的系统，不过只有出生于瑞典的卡尔·林奈（1707—1778）意识到了通用分类法的重要性，该分类法以可被观察的特征以及自然关系为基础。

林奈在年仅 8 岁时就被称为"小小植物学家"，他在家里有座植物种类丰富的花园，因而从小受此启发。到 22 岁时，林奈已经搜集了超过 600 种土生植物，这给当时著名的植物学家奥洛夫·摄尔西乌斯（Olof Celsius，1670—1756）留下了极为深刻的印象，奥洛夫借给了他一座实验室并鼓励他研发一套植物分类的全新体系。林奈从自己的旅行中带回了诸多样本，还送自己的学生踏上了探索之旅，其中包括丹尼尔·索兰德（Daniel Solander，1733—1782），他是一名瑞典的自然学家，参加了 1768 年詹姆斯·库克（James Cook）的环球航行，并带回

野犬蔷薇

了澳大利亚和南太平洋的第一批物种样本。

林奈的主要著作《植物种志》(1753)采用双名制(两个名字,每个生物体都有一个属名和一个种名)描述了7300种植物。一个属的所有植物都有相同的拉丁缩写名,这样就有可能反映出植物的某一特性,比如向日葵(意为"太阳之花")属就囊括了"模仿太阳形状"的一组花。在此之前,植物的组名是一长串复杂的描述,而且这些名字在每个植物学家的体系中又千差万别,这就引发了诸多困惑。林奈对命名系统的简化具有革命性的意义。比如说,野犬蔷薇之前被命名为 Rosa sylvestris inodora seu canina,林奈的体系中将其简化为 Rosa canina。

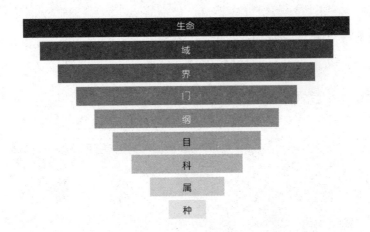

尽管现代分类法增加了"科"、"门"和"域"(可称为 domain 或 empire),但林奈自然分类法的基本原则仍沿用至今。

林奈对自然进行的层级分类也同样取得了成功。顶端是界,它们又被分为不同的纲,进而依次被分为不同的目、属和种。

不过这种方法并未使所有人都感到满意,神学家批评该分类法将人类置于灵长目,因为这降低了人类在伟大的存在之链中较高的精神地位。林奈对此回应说"动物也有灵魂，区别在于其高贵与否"。

　　林奈根据生殖器官（雄蕊和雌蕊）对植物进行分类，并将其和人类的性欲进行比较，比如说，他将一棵带有九株雄蕊和一株雌蕊的植物比作"九个男人和一个女人身处一间洞房"，这令其他人甚为震惊。

　　尽管遭受了种种挫败，林奈的体系最终还是被人接受了。如今，基于植物遗传学和生物化学，很多植物分类及命名的新技术纷纷涌现，但林奈的工作依然在现代分类学中处于核心地位。

马蒂亚斯·施莱登　　　西奥多·施旺　　　奥斯卡·赫特维希

**构建生命的模块：马蒂亚斯·施莱登（Matthias Schleiden）、**

**西奥多·施旺（Theodor Schwann）和**

**奥斯卡·赫特维希（Oscar Hertwig）**

　　细胞是组成生物体最小的结构和功能单元，它们是在 17 世纪显微镜发明之后才被人所发现的。多年以来，科学家一直就细胞的确切性质争论不休，最后，在 1838 年一场晚餐后的讨论中，两名德国科学家马蒂亚斯·施莱登（1804—1881）和西奥多·施旺（1810—1882）提出了现在所谓的细胞理论。他们推论细胞就是构成生命的基本单元，所有的生物体都是由单个或多个细胞构成的——它们并不会如之前人们所想的那样由非生命物质自发生成。

细胞理论在现代生物学中处于核心地位，其重要性与化学中的原子理论相当。施莱登是最早意识到细胞核对细胞分裂的重要性的科学家之一，他观察到了现在被称为染色体的结构，其中包含了确定细胞基因身份的物质。

科学家后来终于搞清楚，多细胞生物体是如何通过有丝分裂这种细胞分裂机制来替换自身的衰败细胞的，有丝分裂这个词源于希腊语，意为丝线。在这个过程中形成了两个和母细胞拥有相同染色体的子细胞。人类平均在一生中会经历约 $10^{16}$ 次细胞分裂。诸如变形虫这样的单细胞生物采用该方法进行（无性）繁殖，它们简单地将一个细胞分裂成两个，从而创造出一个与自身完全相同的子细胞：这就形成了全新的生物体。

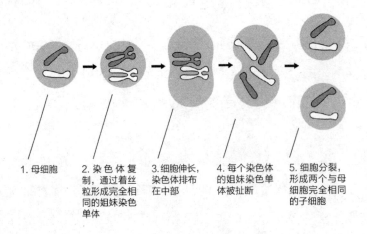

1. 母细胞　　2. 染色体复制，通过着丝粒形成完全相同的姐妹染色单体　　3. 细胞伸长，染色体排布在中部　　4. 每个染色体的姐妹染色单体被扯断　　5. 细胞分裂，形成两个与母细胞完全相同的子细胞

**有丝分裂的各个阶段**

有性繁殖的动植物采用一种不同的细胞分裂方法进行繁殖，即减数分裂，这最早是由德国生物学家奥斯卡·赫特维希（1849—1922）于1876年在海胆卵中发现的。在减数分裂中，父母双方通过性互动繁衍后代：父母是两个独立的生物个体，一个是男性，一个是女性。父母双方各自的生殖器官中有一个细胞，其细胞核内的染色体复制并交换遗传物质，之后细胞分裂两次形成四个子生殖细胞，或称为配子（男性体内为精子，女性体内为卵子），每个配子都携带有原始细胞一半数量的染色体。一旦发生受精，男女双方的配子就融合到一起，形成了一个合子（受精卵细胞）。这个合子又以有丝分裂的方式分裂多次，形成了许多新的细胞，并最终成为新的后代。

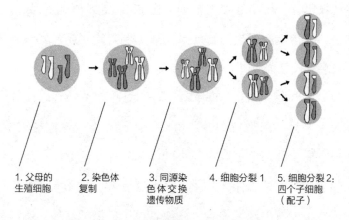

1. 父母的　　2. 染色体　　3. 同源染　　4. 细胞分裂1　　5. 细胞分裂2：
生殖细胞　　复制　　　　色体交换　　　　　　　　　　　　四个子细胞
　　　　　　　　　　　　遗传物质　　　　　　　　　　　　　（配子）

在减数分裂中，生殖细胞分裂两次并形成四个配子，
其中每个都含有母细胞一半数量的染色体。
人体细胞的每个细胞核中含有23对染色体，而配子只含有23个单染色体。
受精（两个配子融合一体）之后，23对染色体中的一对将决定性别。
女性中的两个性染色体为XX，而男性为XY。

## 引发革命：查尔斯·达尔文

查尔斯·达尔文撰写的《物种起源》是科学史上最为重要也最富争议的著作之一。他在这本 1859 年出版的著作中陈述了自己的进化论和自然选择定律。这挑战了上帝创造出宇宙以及所有生命的信仰。部分人认为，达尔文的理论简直就是挑战了上帝的存在，因为自然选择的进程似乎取代了神或者造物者存在的必要。

达尔文在 1831—1836 年间随"小猎犬号"考察船进行环球旅行，他造访了太平洋上的加拉帕戈斯群岛，此行为他的理论奠定了基础。他发现每个岛上的乌龟都有着微小的体态差异，他突然想到，其实它们在被创造的时候并无什么差异，只不过后来它们在应对每个岛屿上的不同环境条件时出现了差异——或者说进化出了差异。达尔文的研究证明了进化过程的发生：地球上的生命并非是造物者的产品，实际上生物体依据自身对周围环境的反应完成了从简单到复杂的发展。

返回之后，达尔文发现该过程将能解释进化理论，并推动生物学实现革命性的进展。"自然选择"是进化之因，达尔文在描述时将其与人工选择进行类比。饲养员能在培育家养动植物的过程中通过对它们的伴侣进行人工选择进而扮演一个改造者的角色，而自然选择中并无这样的饲养员。取而代之的是某些特征通过优胜劣汰的自然过程塑造了个体物种的未来，其中就包括生存能力和较好适应环境的能力。达尔文模型引入了竞争的概念，以此解释进化的驱动力以及某些现象，诸如生物随着时间灭绝或呈现多样化。

阿尔弗雷德·拉塞尔·华莱士（Alfred Russel Wallace，1823—1913）独立于达尔文发展了一套进化理论，很多学者认为华莱士应被视为进化论的共同发现者。他们两者的理论尽管颇为相似，却依然有不同之处。比如说，达尔文（正确地）强调了选择能在个体上发挥作用，而华莱士则认为，选择仅仅作用于群组或物种。

人们还定义了一些与进化论松散相关的理念，但均未得到达尔文本人的赞同。比如说，达尔文死后一年，他的表弟弗朗西斯·高尔顿（Francis Galton，1822—1911）将达尔文主义的概念应用到了其所谓的"优生学"领域，该学科致力于继承那些被人类社会视为理想的特性，借此提高人类出生时的质量。20世纪，纳粹德国打着优生学的旗号肆意鼓吹基因"纯粹性"的说辞，优生学也由此蒙羞。

## 查尔斯·达尔文（1809—1882）

1809年，达尔文出生于一个英国上层中产阶级家庭，长大后被送往剑桥的基督学院读书，之后又受邀和罗伯特·菲茨罗伊船长一起进行环球航行，后者希望为自己的科学探险队请到一名自然学家。

在"小猎犬号"的船上，达尔文研读了查尔斯·莱尔（Charles Lyell, 1797—1875）撰写的《地质学原理》。莱尔在书中讨论了詹姆斯·赫顿（James Hutton）的观点，即地球的年龄要比之前《圣经》学者声称的大得多，达尔文深受此观点的影响。在旅行的多次远足中，达尔文深深迷恋于地球上丰富多样的动植物物种。达尔文于 1838 年构思出了自然选择理论，在接下去的 20 年中，他专心致力于探索进化论这个全新的理念。不难想象，这引发了基督教会的愤怒回应。

1839 年，达尔文与自己的表妹埃玛·韦奇伍德结婚并育有 10 名子女。他出版了有关自然界的多本著作，由此变得声名卓著。他死后被葬于伦敦的威斯敏斯特教堂。

**研究细菌：费迪南德·科恩（Ferdinand Cohn）**

安东尼·范·列文虎克于 17 世纪 70 年代发现了细菌，这引发了欧洲各国国王和王后的好奇心。不过要正确认识这些微小的单细胞微生物——长度不超过数微米（仅仅为人类头发丝直径的一部分），可能还要再花上 200 年。

费迪南德·科恩是第一个意识到世界上存在着不同种类细菌的人。1872 年，他公布了自己的细菌分类体系，所有细菌被分为四组：球形状细菌（圆形）、细杆状细菌（短杆）、线状细菌（长杆或线），以及螺旋状细菌（类似于螺丝钉或螺旋）。当时有一种观点认为，细菌将引发感染，而科恩发现不同种类的细菌具有不同属性，这对于印证上述观点极为重要。在科恩的支持下，罗伯特·科赫（Robert Koch）得以深入工作并发现了炭疽、霍乱以及肺结核的细菌病因。

1876 年，科恩描述了枯草杆菌的全生命周期。他最早论证了一点，即这些细菌暴露于高温环境下时会形成内生孢子。人们能够通过高温杀死很多细菌，但是内生孢子具有抗热性，当环境条件再次变得有利（比如重新回到室温），这些孢子就会发芽形成新的杆菌。内生孢子是当今食品工业面临的一个问题，人们必须采取措施摧毁它们，或者利用某些贮藏方法阻止那些能够形成内生孢子的细菌持续生长。

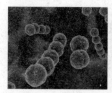   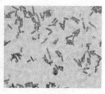

球形状细菌　　　　细杆状细菌　　　　螺旋状细菌　　　　枯草杆菌

## 费迪南德·科恩（1828—1898）

费迪南德·科恩生于西里西亚（目前位于波兰的弗罗茨瓦夫）布雷斯劳的一个德国-犹太社区。他简直就是一名神童，未满两岁就会阅读，14 岁时就上了大学。然而，由于具有犹太血统。他的第一个学位被扣留，他本人也未能在柏林获得教职——这或许也归咎于他的犹太背景。

科恩的父亲培育了科恩对于微观世界的兴趣，作为一名成功的商人，他送给儿子一台昂贵的高质量显微镜。当时，科恩只有 19 岁，拥有植物学的博士学位和布雷斯劳大学的一份教职。科恩的新显微镜成了他心爱的研究工具。1859 年，他被任命为植物学副教授，到了 19 世纪 70 年代，他已成为当时最为重要的细菌学家，大量学生和年轻科学家慕名前来聆听他的讲座。现在，人们视其为细菌科学的创始人。

## 遗传学之父：格雷戈尔·孟德尔（Gregor Mende）

在奥地利的植物学家及僧侣格雷戈尔·孟德尔（1822—1884）着手有关遗传领域的工作之前，没有人明白，代代相传的特征是由细胞中多么微小的单元（如今被称为基因）完成的。

亚里士多德认为，每一代都是通过血液将物种特征传承给下一代的。与之相似的，法国生物学家谢瓦利埃·德·拉马克（Chevalier de Lamarck, 1744—1829）也认为，从长颈鹿到长脖子生物，它们都是依靠血液携带物种特征的。

究竟哪些特征会体现在后代中，人们对此也深感困惑。一个流行的观点是，后代能够混合继承父母的特征，比如说，高个子的父母一方和矮个子的父母一方繁殖的后代，其高度在父母双方之间。不过这暗示了一点，随着时间的流逝，后代们的身高将完全集中于一个平均值，但显然事实并非如此。

孟德尔对解开这个谜团很感兴趣，但是出生于一个农民家庭，他很难筹措到读书的学费。当身无分文的时候，他加入了布尔诺的一家奥古斯丁修道院（现在位于捷克共和国），那里的院长资助他接受了大学教育并鼓励他在修道院的花园里进行植物实验。孟德尔花了整整八年时间栽培并杂交繁育了数以万计的常见的花园豌豆植株，不辞辛劳地对成千上万的豌豆进行了重复计数和分类。他想搞明白，遗传性状究竟是如何从亲本植物承传给它们的后代的。

在每一代植物中，孟德尔比较了诸如茎高（高或短），花色（紫或白）以及种子／豌豆颜色（绿或黄）这样的特性。他发现后代植物在以上几点中都呈现出非此即彼的特征，而非两者的混合。比如说，花朵的颜色总是紫色或白色，而非不同颜色的混合。

栽培了更多代的植物以后，孟德尔发现每对特性中都有一者呈现显性。举例而言，植物的后代中，第一代的种子都是黄色的（显性因子），而第二代中黄绿种子的比率为 3∶1，黄色依然占据主导地位，该比率在之后的连续数代中得以维持。

孟德尔于 1866 年公布了被称为"孟德尔遗传定律"的研究结论，尽管仅仅针对豌豆植株进行了实验，但他提出，这些定律同样适用于所有的生物。之前的旧观点认为，遗传特征是亲本双方特征的混合物，而分离定律则取代了这种陈旧想法。他指出，亲本双方会随机地将显性或隐性特征传承给后代。独立分配定律表明，某个特性是不依赖于其他特性，独立地由亲本遗传给后代的。比如说，带有紫色花朵的豌豆植株在拥有黄色或绿色豌豆方面的可能性不相上下。

我们可以用现代术语来阐释孟德尔定律，一个基因对应一个特定性状，比如说豌豆颜色会有不同的形式或等位基因，这要么是显性的，要么是隐性的。每个遗传特性都是由一对等位基因决定的。在减数分裂过程中生成配子的阶段，每种特性的等位基因对都会分离（分开），

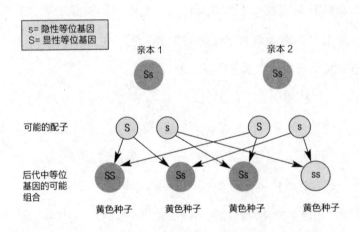

孟德尔的第二代杂交：含黄色种子的后代与含绿色种子的后代比率为 3 : 1，多数为黄色，四分之一拥有绿色种子。

这样一来，就该特性而言，每个配子都只携带了一个等位基因。在受精的过程中，携带单个等位基因的配子会互相结合，于是后代就能从亲本双方各自集成到一个等位基因。某个特性是否能在后代中得以

"展现"，这取决于该等位基因呈现显性还是隐性。显性的等位基因即便与一个不同的等位基因结合依然能表现其特性，而隐性的等位基因仅仅在与其相同的等位基因配对时才能表现其特性。诸如囊胞性纤维症这样的部分遗传病就是由于某个"隐性"等位基因导致的，这就意味着，它一定继承于父母双方。

孟德尔的研究成果在其所处年代并未得到广泛认可，人们在20世纪对其进行了再发现，这构成了一项革命性科学——遗传学的基础。他的遗传学说深刻地影响了科学家对许多学科的理解，其中包括进化论、生物化学、医学以及农学，它也为诸如基因工程这样的现代科学奠定了基础。

托马斯·亨特·摩尔根　　　　　芭芭拉·麦克林托克

**富有开创性的遗传学：托马斯·亨特·摩尔根（Thomas Hunt Morgan）和芭芭拉·麦克林托克（Barbara McClintock）**

继格雷戈尔·孟德尔之后，美国生物学家托马斯·亨特·摩尔根（1866—1945）在其针对黑腹果蝇的实验中提出了染色体遗传理论。在这个理论中，染色体是一种丝状蛋白质结构，而基因就是其中真实存在的物体。在减数分裂（生殖细胞分裂）过程中，染色体彼此交换片段，这个过程也被称为基因重组。

遗传信息的重新排布是保持遗传多样性的一个重要过程。这就解释了后代和父母亲中一者之间的差异，也确保了每一代拥有可供自然选择所用的全新基因组合——这有利于那些适应环境能力最佳的个体。无性繁殖的生物体并无此项优势，相反，它们只能依赖周期性突变为其提供变化，因而对外界环境迅速变化的反应度也就较低了。

摩尔根还证明了某些孟德尔未曾注意到的事项：某些位于相同染色体且紧密相邻的基因（被称为连锁基因）能够被一同继承。换言之，被称为独立分配定律的孟德尔第二定律并非始终适用。某些情况是由连锁基因导致的，诸如色盲总会在同一个家族中代代相传。

摩尔根之后的 20 年，美国科学家芭芭拉·麦克林托克（1902—1992）将其研究重点放在了玉米作物的遗传物质上。通过比较亲本植物和子代植物的染色体，她注意到，染色体的某些部分会交换位置，这就否定了之前广为接受的理论，即基因在某个染色体中的位置是固定的。这些"可以换位的元素"，或者"跳跃基因"能够创造突变或永远改变存在于染色体中的遗传指令。

麦克林托克富有开创性的研究证明了染色体结构变化引发各种问题和疾病（包括癌症）的机制，即细胞中存储有一些管控其正常发育和功能的指令，而这些指令遭受了染色体结构变化的影响。

詹姆斯·沃森

## 解开 DNA 的谜团：弗朗西斯·克里克（Francis Crick）和
## 詹姆斯·沃森（James Watson）

瑞士生物学家约翰内斯·弗里德里希·米歇尔（Johannes Friedrich Miescher, 1844—1895）于 1871 年最早鉴定了 DNA（脱氧核糖核酸），它是构成生命必不可少的分子，但是直到 80 年后，人们才得以破解其结构。DNA 分子是染色体的主要成分，位于动植物细胞的细胞核内，其功能是存储生物体的基因指令或遗传信息。基因就是 DNA 中的片段。

20 世纪 50 年代早期，英国物理学家弗朗西斯·克里克（1916—2004）及美国的遗传学家詹姆斯·沃森（1928—）加入了这场竞争，试图比其他研究者更早发现 DNA 的神秘结构。现在，人们已经知道，DNA 分子由四种不同的更为简单的单元组成，它们被称为核苷酸：腺嘌呤、胞嘧啶、鸟嘌呤和胸腺嘧啶。另外还有证据显示，鸟嘌呤与胞嘧啶的数量相等，腺嘌呤与胸腺嘧啶的数量相等。

这两个志同道合的朋友试图利用每个核苷酸的纸板模型探索出它们之间的组装方式。沃森很快意识到，它们只可能是按某种特定方式配对的：腺嘌呤配对胸腺嘧啶，胞嘧啶配对鸟嘌呤。他们还在罗莎琳德·富兰克林（Rosalind Franklin，1920—1958）制作的DNA-X射线图像中发现了另外一条重要线索，这些图片是由两个人的朋友莫里斯·威尔金斯（Maurice Wilkins，1916—2004）在罗莎琳德毫不知情的情况下向其展示的。这些图像暗示了一种螺旋结构。

有了这些数据的支撑，人们搞清了这种配对的正确形式，即两条平行链轻微地扭曲，在外观上形成了一种双螺旋结构。这些核苷酸对将这两根链条联结起来，犹如一把梯子的横档。

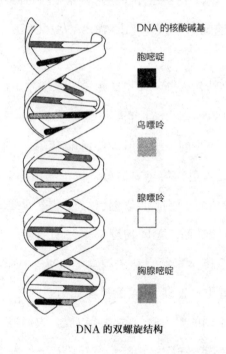

DNA 的核酸碱基

胞嘧啶

鸟嘌呤

腺嘌呤

胸腺嘧啶

DNA 的双螺旋结构

他们于1953年提出的DNA模型立刻为人们指明了一种可能存在的遗传信息代代相传的复制及传播机制：核苷酸仅能按某种特定方式配对，于是一条链上的核苷酸序列就成了细胞分裂期间组装一条新互补链的模板。

　　20 世纪 80 年代，沃森继续带头开展了人类基因组计划（HGP）。这项国际工程旨在解密全部的人类遗传密码（基因组）。2000 年，由政府资助的人类基因组计划、由美国生物学家及企业家克雷格·温特（1946—）成立的一家商业研究公司共同宣布了一份基因组序列的"草图"。完整的序列于 2003 年公布。人类细胞中代表基因编码的人类基因组，或者说 30 亿个 DNA 代码首次被正确排序并解读。现在，人们已经搞清楚，人类基因组（稍多于黑猩猩）中存在着约 20000 至 25000 个基因。

　　这项研究结果并非源于任何特定个体的基因组，而是源于一组匿名捐献者的混合基因组。所有人都有独一无二的基因序列，正因如此，我们拥有了基因指纹鉴别法——自 20 世纪 80 年代以来，它就成为法医学鉴定所采用的一个无价的工具。

**危险的遗传学：保罗·伯格（Paul Berg）**

　　保罗·伯格（1926—）是一名美国生化学家及分子生物学家，他发明了一种将某生物体内遗传物质人工引入另外某生物体内基因组的方法。这就成为基因工程的开端，它有诸多应用，其中某些颇受争议。

20 世纪 70 年代，伯格致力于研究为什么细胞有时会自发癌变。他认为，这要归咎于细胞基因之间以及细胞生化特征之间的交互作用，于是他决定将一种癌基因引入到诸如细菌这样简单的单细胞生物中，并以此检测自己的观点。他觉得如果自己能将癌基因和正常进入细菌的遗传物质（诸如噬菌体，一种感染细菌的已知病毒）相结合，那么就能将基因偷偷移入细菌。他选择采用了一种能够在猴子体内引发癌症的病毒（SV40），以及处处可见而且频繁用于实验室的大肠杆菌。

伯格在其"切割－拼接"法中应用了一种酶，该酶可以在他希望的点精准"切断"噬菌体的 DNA 双链。之后，伯格又用了一种不同的酶在其中一条链上加入了一些片段，由此创造了一条长长的"黏性末端"，它可以和源于 SV40 猴子病毒的一段经过类似处理的 DNA 相连。然后，他成功地结合了这两个分子，由此创造出一种杂交的"重组 DNA 分子"。

就在此时，伯格主动终止了该项研究。因为大肠杆菌有时能和其他类型的细菌交换遗传物质，其中某些细菌将引发人类疾病。伯格意识到，如果他将自己的杂合 DNA 嵌入该细菌，或许某些会逃逸或者传播开来，他实在无法预测其后果，或许这将招致一场医学灾难。

1974 年，伯格号召人们在明确评估基因工程的危险之前暂停该研究。翌年，全球 100 名科学家参加的一场会议通过了一系列指导方针，严禁任何有可能导致遗传工程生物体在逃逸实验室的情况下存活于人体中的实验。

基因治疗以及富有争议的转基因粮食作物恰恰是重组基因的一些结果。如今，人们正是采用他的技术制作了胰岛素、人类生长激素（调节个体生长的激素）以及某些抗生素。

伯格在生物化学以及遗传工程领域的工作以及他对科学负责任的立场得到了认可。

## RNA 的催化特性：西德尼·奥尔特曼（Sidney Altman）

当加拿大 - 美国的分子生物学家西德尼·奥尔特曼（1939—）开始着手他的研究工作时，人们还不太清楚 DNA 或者遗传信息是如何传达到活细胞从而指导生物体的成长过程的。标准观点认为，诸如 RNA（核糖核酸）这样的核酸携带来自 DNA 的遗传密码，继而触发了酶的形成过程，这反过来又催化了细胞内种种至关重要的化学和生物反应。

奥尔特曼及其团队最后发现，RNA 本身就是生化进程的催化剂，因而 RNA 表现得像是一种酶。

奥尔特曼和托马斯·罗伯特·切赫（Thomas R. Cech，1947—）的工作为我们理解生命的起源和发展方式做出了重要贡献。他们证明，核酸是构成生命的某些基本构件，它同时承担着遗传密码和酶的工作。

他们发现的 RNA 行为具有重要而积极的医学意义。有朝一日，人们或许会利用酶切断癌症或艾滋病患者体内遗传物质的传染性或异常序列。

## 环境运动倡导者：蕾切尔·卡森（Rachel Carson）

美国生物学家、生态学家及科学作家蕾切尔·卡森几乎凭借一己之力，通过她富有影响力的作品《寂静的春天》（1962）开启了现代的全球环保运动，该著作淋漓尽致地表现了农药污染对自然界造成的毁灭性后果。她的"警钟"促使各种保护机构以及野生动植物组织团结起来，并激励了新一代的环保积极分子。

用来杀灭一种杂草、一种昆虫或者一种动物害虫的人造农药会通过毒害其他物种的食物链而造成更为广泛的影响，有时甚至会杀灭某一区域的所有昆虫、鸟类、鱼类以及野生动植物，有些还会滞留在土壤中引发更为持久的影响。卡森是指出该问题的第一位科学家。她将这些化学制品称为"生物性农药"，她还确认了自20世纪40年代以来研发的超过200种化学除虫剂或除草剂，这些制剂在美国有着广泛的公共用途。

作为整体性概念的先驱人物，卡森强调人类也是自然的一部分，在环境破坏行为面前，我们将和其他任何物种一样遭受同等的健康损伤。她向人们说明了农药能够持久地污染人类的食物链。

卡森并未一味地反对化学制品在农业领域的应用，但她认为，新开发农药的长期效应并不为人所知，不加选择地任意大规模使用这类制品是不科学且不道德的。就向大海倾倒核废料而言，她指出，人们缺乏对其长期效应的研究，而"一失足将成千古恨"。

卡森有关农药的研究立即激起了大众的热议，这敦促美国政府重新审视这个问题。结果，一个联邦政府咨询委员会于1963年号召人们针对滥用农药的潜在健康危害展开研究。

最终，包括双对氯苯基三氯乙烷（DDT）在内的数种人工杀虫剂在美国被禁用，其他很多国家也对其使用做出了严格限制。卡森促成了美国环境保护署的成立，还将诸如"生态系统"这样的多个概念融入公众意识当中，如今这已成为人们日常用语的一部分。

## 蕾切尔·卡森（1907—1964）

蕾切尔·卡森在宾夕法尼亚州的一个河畔小镇斯普林达尔长大。受到其母亲的鼓励，她学会了欣赏这个自然世界。纵观她作为海洋生物学家以及之后综合性生态学家的一生，她的工作同时也是她毕生的兴趣与爱好所在。

卡森先后研读了英语和动物学，之后的数年，她先后效力于美国渔业局和渔业与野生动物服务局，她也成为在该单位第二位获得全职专业工作的女性。

后来，卡森辞职并撰写了《寂静的春天》，该书引发了全世界对工业及农业污染所引发危害的关注，其标题意指一片毫无生机的荒芜寂静之地，这恰恰是使用人造化学农药的后果。

在卡森工作的年代，美国人普遍认为，科学只会成为善的力量，而她证明了科学进展也会同时摧毁环境。这着实令人大为震惊。

卡森还激励人们开展了有关环境污染与人类健康两者间关系的科学研究。自那时起，人们就确认，环境污染有的时候会导致乳腺癌。极具讽刺意味的是，卡森本人就死于这种疾病。

# 第六章

## 人类与医学：
### 生命的本源

面对那些未知疾病，史前人类在治疗时可能会诉诸精神仪式和巫医。当医学知识再度在欧洲涌现，同时伴随细菌会引发疾病的重大发现，人类进入了医学突破的新纪元。

面对那些未知疾病，史前人类在治疗时可能会诉诸某些精神仪式和巫医，然而，他们或许也承袭了某些有效利用药用植物的实践方法和知识。其埋葬的遗体残骸表明，当时人们曾对遗体做过预先处理并举行过仪式，这就暗示着，他们对骨结构和内部器官具有一定的了解。人们在约 12000 年前的废墟中发现了一些环锯术的证据，这是一种在头骨中钻一个洞以缓解头痛或精神失常的做法。

中国和印度早期就有医疗体系，不过最早有文字记载的医疗实践源于古埃及，这展示了人们通过纯粹心灵疗法治愈疾病的重要进步。古希腊人吸收了这种知识并且很快得出一条结论，人体的控制中心是大脑，而非埃及人曾经认为的心脏。

罗马帝国衰败以后，欧洲进入了黑暗时代，教会禁止对人体进行解剖，这就在某种程度上阻滞了医学进展，不过作为持续斗争的结果，人们依然通过解剖这种方式检测医生的技能。最终，因为阿拉伯世界传播的古老科学和医学知识在欧洲重新涌现，同时伴随着细菌引发疾病这一重大发现，人们进入了医学突破的一个新纪元。

## 最早有记录的医学实践：古埃及

可以追溯到公元前 1800 年的莎草纸文字记录令人惊讶地展示了古埃及开展的先进医学实践活动。荷马在《奥德赛》（约公元前 700 年）中评论道："埃及人在医学方面的技艺要比其他任何领域都要精湛。"而希腊历史学家赫罗多斯（Herodotus）在约公元前 440 年时前往埃及，在他笔下，很多医师都享有卓越的声誉并深受统治者的赏识。

埃及人相信神创造并操控着生命，而邪恶之神及魔鬼影响了人体的运作，它们通过堵塞其"通道"而引发疾病，这就如同尼罗河上出现堵塞会给庄稼带来灾难一样。在他们看来，人体内的通道携带了空气、水和血液，心脏位于控制的中心。心脏是智力活动的中心，应当得到正确对待：在木乃伊化的过程中，人们将（用于防止尸体腐化的）香料留置于尸体中，从而为其来世做好准备，同时采用一个铁钩将脑子从鼻孔中取出，将其从头骨中冲洗掉。

医治者接受训练，疏导并清除人体通道中的障碍：他们检查病人，给出诊断并提出一些实际的治疗方案和建议，比如在堵塞时用泻药，为了促进全面身体健康建议均衡饮食。很多记录在案的治疗方法并未奏效，不过有些疗法（其中也包括各类模具）尽管存在感染病人的风险，但还是提供了一种治愈疾病的方法。

埃及的医治者还能修复骨折，缝合并包扎伤口。不过他们手头只有草本防腐剂，所以外科手术充满风险，病人的疼痛感就更不用说了！

阿尔克迈翁　　　　　希波克拉底

## 医学在古希腊是一门理性科学：阿尔克迈翁（Alcmaeon）和希波克拉底（Hippocrates）

古希腊人承袭了源自埃及的医学知识，他们继而开始发展自己的一套信念和医学体系。

克罗顿的阿尔克迈翁（公元前 5 世纪）是解剖领域的一位早期开拓者。他解剖了各种动物并发现感官知觉是受大脑控制的，于是下结论说，感官和思维之源是头脑而非心脏。希波克拉底（约公元前460—前370）成为文字记载中将病症、宗教、巫术以及迷信分离开来的第一人，这为他赢得了医学之父的头衔。他相信，疾病是由周围环境所引发的，而其症状是身体应对疾病做出的自然反应。希波克拉底就医生行为、专业精神以及保护生命的职责提出了一系列指导方针，这就构成了如今从医学生所宣读的希波克拉底氏誓言的基础。

希波克拉底生于科斯岛，他周游了古希腊，从事医学实践并教授医学知识，试图反驳当时盛行的观点，即疾病来自上帝的惩罚。希波克拉底教导人们，疾病是人体内四种体液的不平衡所导致的："人体内有血液、黏液、黄胆汁和黑胆汁……人们通过这些体液感到不适或健康。"如果所有的体液适当混合达到平衡，他就会感到最为健康。一旦某种体液过量或减少，甚至在体内完全缺失，那么疾病也就随之产生了。"

希波克拉底认为，人体具有某些特定的"危机"点，在疾病进展的过程中，病人要么能通过自愈能力重建平衡，要么就会旧病复发。

希波克拉底指导医生们保持整洁、遵守医德、诚实守信、善待病患、冷静镇定、富有同情心且不失严谨，他们应当遵守有关照明、人员、仪器以及技术方面的特定指导方针。当然，他们还应保持清晰而精准记录的习惯：人们至今依然遵守上述所有准则。

古希腊的医学可以分为两大学派——科尼迪安学派与科斯（希波克拉底）学派。科尼迪安学派所强调的诊断基于很多有关人体的错误假定（希腊严禁解剖人体，这意味着他们在解剖学和生理学领域掌握的知识微乎其微）。对比之下，希波克拉底或者科斯学派的战略则把注意力集中在病患照护、普通诊断、有关疾病诱发过程以及非介入治疗（比如彻底休息和肢体固定）的知识，这取得了更大的成功。

## 罗马时代的解剖和解剖学：伽林（Galen）

伽林设立了罗马世界的医学标准。他生活在一座名为帕加马（现为土耳其的贝尔加马）的古希腊城邦，后来成为罗马帝国的一部分。追随伽林的步伐，帕加马成为公元 2 世纪地中海世界的医学中心，17 世纪以前，伽林的人体观一直盛行于中东及欧洲地区。

伽林采纳了希波克拉底的四体液学说，他还补充了自己的观点：不平衡可以定位到人体内具体的器官或者部位。这极大地帮助了医生诊断并对症下药，从而重建人体健康平衡。

伽林认为解剖是医学知识的基础，于是他将一生中大部分时间花费在了解剖学领域。罗马法禁止对人类尸体进行解剖，于是他就对猪、羊、猴子以及其他动物实施解剖，这偶尔会导致一些错误，比如根据他的描述，子宫仅仅和狗相关。

通过分离猪的脊髓并捆绑咽喉神经，他弄明白了大脑控制声音的机制，通过结扎猪的尿管，他理解了膀胱和肾脏的功能。伽林得出结论，存在着三大互连的身体系统：大脑和神经系统、心脏和动脉系统以及肝脏和血管系统，其中每个系统都各司其职。

伽林从不畏惧尝试，他对大脑和眼睛实施了手术，比如采用一根长针摘除白内障，如果晶状体囊保持完好无损，这项古老的技术将会非常成功，否则的话就会损坏眼睛并引发严重的感染。值得注意的是，这些手术是在人们对解剖位置和晶状体功能尚且模糊不清的情况下实施的，不过就执行该手术而言，伽林比他人拥有更多的知识，而他的外科实践严格遵循了希波克拉底的指导方针。

到了9世纪，伽林的很多著作被译为了阿拉伯文，这影响了阿拉伯医学的发展，它们最终又被翻译回拉丁文。当时的欧洲刚刚摆脱停滞不前的黑暗年代，于是这些书籍帮助人们重新点燃了发展医学科学的渴望。他强调放血法可以作为一种万能疗法，这一直沿用到19世纪，他还提出了脉搏测量的通用标准。

在伽林之后的1000年，中世纪欧洲依然在一定范围内限制实施人体解剖，尽管如此，意大利的列奥纳多·达·芬奇（1452—1519）从佛罗伦萨和罗马的医院那里获得了解剖人类尸体的特别许可。他精湛的绘画作品揭示了之前并不为人所知的解剖细节。如果此类作品在当时就得以广泛发表，那么必将促进中世纪的科学和医学加速发展，可惜欧洲还未准备好接纳列奥纳多。要说人类解剖学和身体机能对医学科学产生真正的影响，那可是200年之后的事了。

### 伽林（129—约216）

伽林的父亲是一名富裕的建筑师。伽林在帕加马接受了医学领域的良好教育，那里有一座敬奉医药之神——阿斯克勒庇俄斯的著名庙宇。之后，他在一家格斗士学校担任医生，在此期间，他学习了大量有关开放性创伤和物理创伤的知识。

伽林富有雄心壮志又聪明机灵，他于162年移居到罗马。凭借持续的努力，伽林成为马可·奥里利乌斯、康茂德以及塞普蒂米乌斯·塞维鲁这几位皇帝的医生。

## 医学在阿拉伯世界的黄金时代：累塞斯（Rhazes）

欧洲在罗马帝国衰败之后江河日下，就在这个时候，伊斯兰国家在科学、文化和经济发展的黄金年代兴旺发达起来。在伊朗，一位名为累塞斯（854—约925）的穆斯林医生成为伊斯兰地区相当于希波克拉底的人物——尽管他并不害怕挑战这名伟大古希腊医生的权威。累塞斯帮助证明了疾病有着器质性的病因，而不应归咎于巫术、命运或是超自然的力量，他还撰写了有关儿童疾病的首本著作，这为他赢得了儿科学之父的头衔。

起初，累塞斯是一名珠宝商或者说是货币兑换商，他同时还是一名音乐家和炼金术士。后来的一次炼金实验发生爆炸并让他的视力受到了损害，自那个时候起，累塞斯才对医学产生了兴趣，30岁时，他开始在巴格达研习医学和哲学，那里后来成了伊斯兰科学的中心。很快，累塞斯就成为一位著名的医生，撰写了超过100篇医学文献。他还对炼金术保持着持久的兴趣，当时，炼金术还被视为另一门自然科学，不过这无疑提升了他作为一名医生的技能，因为他应用于医学的经验性医术最早正是从炼金的实践操作中获取的。

累塞斯也是人们知道的首位区分天花和麻疹的医生。他还洞察到，某些发烧情况是机体对抗感染的防御机制。他最早记录了将动物肠子作为手术缝合线使用的案例，也是采用熟石膏铸模的第一人。此外，他也是就医学伦理以及人们为何会选择信任某位特定医生展开讨论的首批执业医生之一。

累塞斯生活的时代里，人们有时很难对疾病的疗法做出解释。据说有这样一个故事：累塞斯被召唤去医治一名酋长，他因为患有关节炎所以跛脚得厉害，以至于根本无法走路。在用热水淋浴和用药水进行治疗之前，累塞斯下令将他最好的马匹带到门口，然后他拔出了一把匕首，咒骂这位酋长并威胁要杀了他，这名酋长一跃而起并冲向医生，而累塞斯已奔往那匹等候着的马匹逃命去了。在确定自己已经安全之后，累塞斯写信给酋长并向他解释，自己的疗法柔化了他的体液（躯干内的液体），他设法通过病人自身的脾气分解了它们。

累塞斯捐助了很多钱财用于慈善，以至于自己死的时候穷困潦倒。据说，他在生命尽头时患有白内障，不过他拒绝接受任何治疗。他说自己已经看够了这个世界，已经对其感到了厌烦。

## 中东地区的医学教科书：阿维森纳（Avicenna）

阿维森纳是来布哈拉（如今位于乌兹别克斯坦）的一名才华横溢的中世纪哲学家、科学家以及医生。他在自己名为《医学规范》的著作中收录了古人诸多宝贵的医学知识，其中还包括来自美索不达米亚地区和印度的知识以及他自己的一些发现。他长达十四卷的百科全书已成为伊斯兰世界和基督教世界的标准医学教科书。

在整个职业生涯中，阿维森纳始终都强调实证医学的必要性：检查、测试，在没有证据的情况下，拒绝将任何人的理论视作理所当然。他这样描述了自己的方法："在医学中，我们应当知道疾病和健康背后的原因。健康和疾病的原因有时表露无遗，有时却会隐藏起来，除非对症状进行调查研究，否则我们无法理解它们。因此，我们还须研究健康和疾病的种种症状。"

阿维森纳完成了诸多调查，其中包括：某些疾病的传染性，环境和饮食对于健康的影响，疾病在水域或土壤中的传播以及引发精神失常的一些神经系统疾病。他支持医学的临床试验，他的做法和我们今日的做法在很大程度上如出一辙，比如说采用数量足够庞大的测试组以确保其结果并非偶然。他还坚持认为，应该以人而非动物作为实验对象，因为"在一头狮子或者一匹马身上测试某种药物根本不能证明其对人体产生效应"。

阿维森纳还有听过检疫遏制感染扩散的理念，他早在安东尼·范·列文虎克采用显微镜发现细菌之前的 600 多年就已推测了微生物的存在。他还描述了一些性病、皮肤病、人眼的解剖、面瘫以及糖尿病。可能是由于接受过一些哲学的培训，阿维森纳对心理学以及思维对身体之影响的探索充满了兴趣。而且，人们知道他至少实施过一项手术：对象是他一位朋友的胆囊。

尽管阿维森纳非常出名也颇受欢迎，但他仍十分富有怜悯之心，他在医治穷人时往往并不索取任何酬劳。

## 阿维森纳（约 980—1037）

阿维森纳在年仅 10 岁时就能熟背《古兰经》以及其他一些经典的伊斯兰文本。很快，他就超越了自己的老师，开始研读自己的医学课程。当他为苏丹的布哈拉成功治愈疾病时还十分年轻。

那是一个混乱的时代，阿维森纳的生活深受政治动荡的影响。在中亚地区，土耳其部落取代了伊朗的统治者，不仅如此，伊朗当地的领导也摆脱了以巴格达为基地的阿拔斯王朝的集中控制。

公元999年，布哈拉统治家族被土耳其的侵略者推翻，之后的很长一段时间内，阿维森纳都在伊朗地区漫游，其中不乏许多冒险奇遇。他逃脱了绑架，躲避了逮捕和监禁，还乔装打扮经历了危险的逃难。尽管如此，他依然撰写了大量的哲学论文，只要在一个地方的逗留时间足够长，他就会勤勉地从事医业。

在约1024年，阿维森纳终于作为伊斯法罕的医生及顾问找到了避难之所，他在此后的余生中一直为其效劳。

伊本·阿尔-贝塔尔

## 草药医生：伊本·阿尔-贝塔尔（Ibn al-Baitar）、加西亚·德·奥塔（Garcia de Orta）以及修道院

和古代一样，中世纪的医药通常来源于植物。伊本·阿尔-贝塔尔（约1197—1248）是伊斯兰黄金时代一名重要的草药医生（植物学家）。他非常了解各种植物的医疗用途和特性，堪称这方面内容丰富的百科全书，在长达数世纪的时间里，欧洲以及中东地区无人可与之媲美。

伊本·阿尔-贝塔尔出生于西班牙马拉加附近，不过基督教的收复失地运动令该地区陷入混乱，和其他成千上万的穆斯林一样，阿尔－贝塔尔移居国外。不久，在1224年后，他迁入埃及并成为统治者阿尔－卡米勒的首席草药医生。任职期间，他从巴勒斯坦、阿拉伯半岛、希腊、土耳其、亚美尼亚以及叙利亚地区搜集了各式各样的植物。

阿尔－贝塔尔对植物以及其古老的医学用途有着惊人的记忆力，他"通过实验和观察"掌握了一些新的疗法，还经常广泛地试验各种药物。他的著作《简易（草药）疗法书》对1400种不同植物的医学及一般特性进行了系统性的汇编，其中的200种在此之前从未有过记录。在之后的工作中，他把精力集中于药用治疗，根据人体的耳朵、头部、眼睛等所患疾病分别罗列出具有针对性疗效的植物。

加西亚·德·奥塔（约1501—1568）是文艺复兴时期一名犹太裔葡萄牙医生，他在印度果阿的葡萄牙殖民地工作期间采用实验研究法种植药用植物。在有关草药的著作中，他将各种印度的药用植物以及东方的香料引入了欧洲，他还传播了有关热带疾病的知识，其中就包括亚洲形式的霍乱（小肠传染病）。

在中世纪欧洲的其他地方，修道院已成为知识宝库，僧侣们忙于翻译和誊写各种源于阿拉伯、希腊以及罗马世界的古代著作。他们从古书中发现了各种常见疾病的草药疗法，还修建了自己的百草园，这就为他们发展医学中心提供了原材料。乡村医治者也开出草药处方，有时还会加入自己的法术和魔咒，这往往会令其遭受施加巫术的指控。

现代科学家已经证明，某些古老的草药疗法相当成功，比如说，2000年前用于减缓头痛的柳树皮含有水杨酸，这正是阿司匹林中的活性成分。还有一些别的疗法经过证明并不太成功：中世纪一种治疗秃头的疗法采用洋葱涂抹对应的头皮。实践证明，草药疗法对于治疗流行病也没有什么效果，比如在 1346—1353 年期间席卷欧洲的致命瘟疫"黑死病"，商船上有很多老鼠，这种疾病就是通过这些老鼠身上的跳蚤传播开来的。

19 世纪，化学家纷纷开始从植物中萃取活性成分，这就开启了化学药物的新纪元。如今，标准的西医治疗中，这些药品已经取代了植物和草药，不过那些源于植物的化合物依然在现代医学中有所应用。

### 富有开创性的疫苗：爱德华·詹纳（Edward Jenner）

尽管安东尼·范·列文虎克于 17 世纪 70 年代首先观察到了微生物，但是人们搞清楚微生物（或者"细菌"）致病，那又是很多年之后的事了。人们渴望控制传染疾病的病因，这就成了他们对这些生物体开展学习研究的强大动力。

爱德华·詹纳（1749—1823）是一名英国外科医生及大自然爱好者，他也是第一批帮助人们理解细菌与疾病两者间关联的先锋人物之一，而他有关接种的研究工作揭开了医学的一部新篇章：免疫学。

在詹纳生活的时代，天花是最可怕的疾病之一，婴儿和幼儿是最易受感染的人群。这种病有很高的致死率，就算幸存下来也会遭受严重的毁容。詹纳天赋异禀，拥有强烈的好奇心和自然的直觉，他深信，那些侵袭动物的牛痘病毒和猪痘病毒可能也和表现在人体身上的天花相关，他还希望这种关联能有助于找到一种疗法。

他曾听说过一些有关挤奶女工的民间故事，这些女工感染了牛痘，之后似乎就拥有了抵抗天花的免疫力。1796 年，詹纳将这种假设应用于一名 8 岁男童——詹姆斯·菲普斯。挤奶女工莎拉·尼尔美斯从一头名为布洛瑟姆的奶牛身上感染了牛痘，詹纳就用她伤口中的脓汁为这个男孩接种，他用一根细棒蘸取了莎拉手臂上伤口中的痘浆，然后直接将其注入詹姆斯体内。除了发烧和全身不适这些最初的症状以外，詹姆斯·菲普斯并未感染天花。詹纳进一步给詹姆斯接种了天花物质，以此检验疫苗的成功与否，结果也是类似的。事实证明，这种免疫是非常成功的。

之后的数年间，向来谨慎的皇家学会并未发表詹纳的成果。他们起初是这样表态的：尚无充分证据支持该项革命性的发现。尽管一开始遭到了公众的反对，但詹纳依然不断地为病人接种疫苗，其中还包括自己仅仅 18 个月大的儿子。最后，他工作的现实状况以及疫苗的成果终于战胜了种种批评。

农夫本杰明·杰斯提（约 1736—1816）早在 1774 年就成功地为自己的家人接种了牛痘疫苗，这比爱德华·詹纳要早 20 年左右。尽管如此，人们依然认为，詹纳独立获取了该成果，而且他通过实验和解释增加了该项发现的价值。

基于詹纳富有开创性的工作，世界卫生组织于 1980 年宣布已经消灭天花。从世界上根除一种疾病并非易事，迄今为止，天花是唯一已被彻底消灭的人类传染病，这得益于人们最初就能轻易识别这种疾病（皮疹）。尽管如此，这依然为人们消灭其他疾病点燃了希望，比如小儿麻痹症，这种疾病虽然在很多国家都已不复存在，但在某些地区依然未被根除。

## 细胞的疾病：鲁道夫·菲尔绍（Rudolf Virchow）

德国医生鲁道夫·菲尔绍（1821—1902）促进了这样一种理论，即疾病源于细胞，或者说表现为出于异常状态的细胞。他鼓励自己的医学生使用显微镜，以此不断训诫他们要进行"微观地思考"。他的工作为现代病理学（一门研究疾病成因及影响的科学）奠定了基础。

菲尔绍在细胞层面研究疾病的方法促使他着手肿瘤学方面的开创性研究。他不仅是正确描述白血病案例（血癌）的第一人，还发现了包括胃癌在内的许多其他类型的恶性肿瘤。胃癌的症状之一就是锁骨上方的淋巴结肿大，现在人们将其称为"菲尔绍淋巴结"。

1848 年，菲尔绍在西里西亚进行了一项有关伤寒疫情的研究，他指出，自由和民主的匮乏是导致这个国家卫生标准糟糕以及民

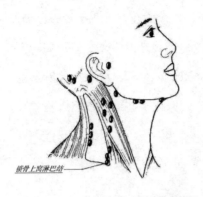

锁骨上窝淋巴结——

**胃癌的症状之一就是锁骨上方的淋巴结肿大**

众患病率高的直接原因。他构建了有关医疗实践与政治立法相结合的理论，而上述研究正是该理论的出发点。在此理论引领下，他宣称："医学是一门社会科学，政治只不过是大规模的医学罢了。医生是穷人的自然代理人，而社会问题在很大程度上也依赖他们解决。"

菲尔绍拥有综合宽广的视野，认为疾病往往是贫困的恶果，这为他赢得了"公共卫生之父"的头衔。

罗伯特·科赫

路易斯·巴斯德

### 微生物的危害：罗伯特·科赫（Robert Koch）与路易斯·巴斯德（Louis Pasteur）

罗伯特·科赫（1843—1910）的父亲是一名德国的采矿工程师，

他是家中十三个孩子之一。科赫通过阅读新闻报纸进行自学，他持续开展了有助于鉴别及隔离那些致病微生物的开创性研究工作。

当时，炭疽病在欧洲大规模流行。对于动物工作者而言，这种由山羊、绵羊以及家牛携带的疾病构成了一种职业危害。尽管法国医生卡西米尔·戴维恩（Casimir Davaine，1812—1882）在此之前就曾描述过这种炭疽杆菌（致病细菌），但是人们并未在其预防和治疗领域获得任何突破。不仅是那些已经感染的家牛会传播该病，即便是多年前曾放养过感染动物的牧场也会传播该病。研究者们对此感到茫然，难以做出解释。

1875 年，科赫成功隔离并培育了致病细菌。他观察了这些细菌的全寿命周期并注意到，它们在不利条件下（比如说缺氧）形成了抵抗性内芽孢。这些孢子在合适条件出现之前会一直保持潜伏状态，一旦时机合适，它们就会催生新细菌，这就解释了休耕牧场为何会再度引暴疾病。

法国化学家路易斯·巴斯德（1822—1895）以发现巴士灭菌法闻名，这也解决了炭疽病的问题。他建议农民在饲养动物时远离那些曾经暴发过致死疾病的污染地块。1877 年，巴斯德开始着手研究一种含有炭疽热细菌的疫苗。他将准备好的疫苗加热到 42℃（108 ℉）以削弱细菌，然后将其注入绵羊体内，这些绵羊由此感染了轻度的炭疽热，不过很快就恢复了，这个过程赋予其未来抵抗该疾病侵袭的免疫力。

1882 年 5 月 5 日，巴斯德进行的一项实验吸引了大量民众的眼球。他给 25 头绵羊接种，另有 25 头绵羊不接种。26 天之后，他给 50 头绵羊统统注射了高纯度的炭疽细菌。两日之后，所有未经接种的绵羊全部死亡，而已经接种的绵羊则全体存活。

科赫进一步鉴别了那些引发肺结核和霍乱的微生物，而巴斯德发现了狂犬病的接种疫苗。巴斯德于1885年在一名感染男孩——约瑟夫·迈斯特的身上测试了他的狂犬病疫苗。10天之后，这名男孩就好起来了。

人们或许可以在体外培育微生物，尽管这是路易斯·巴斯德最早引入的理念，但科赫完善了纯培养的技术。起初，他采用了一个含有多种微生物的样本，其中类似的细胞被转移到一个新个体上，采用无菌生长的培养基，不断重复该过程，直至通过对连续样本的稀释和分离获得一个仅仅包含单种微生物的样本。

到了19世纪，很多人都在术后死亡。科赫和巴斯德两人都意识到，清洁度不足是发生此类情况的一个重要影响因子，因为微生物会趁机入侵人体，并引发疾病和感染。1878年，巴斯德在法国医学学会上这样宣布：

> 病人暴露于一个危险而恶劣的环境，所有物体的表面都活跃着各种微生物，这点在医院尤其明显。如果有幸成为一名外科医生，我不仅要严格使用绝对洁净的器具，而且还要特别细心地清洁我的双手，然后通过火焰将其迅速烘干，这也没有什么不便，这感觉好比是一名熏制工人将一块灼热的煤炭从一个手传到另一只手。我只会采用那些事先已置于130℃—150℃（266℉—302℉）温度下一段时间的绒布、绷带以及海绵。

巴斯德的这番陈述后来成为无菌外科手术的基础。无菌外科手术旨在预防有害细菌进入手术空间，而不是通过对人体组织应用抗菌剂来消除细菌。巴斯德要求外科医生在实施手术之前先在火焰上烘烤双手，1886 年之前，这项建议也成为巴斯德实验室的一项例行程序。巴斯德还有一个众所周知的小习惯，他会在每次用餐之前用自己的餐巾清洁一遍眼镜、盘子以及镀银餐具，这也侧面反映了他对细菌的顾虑。

## 近代的大脑治疗

尽管早在石器时代晚期，人们就已经开始治疗脑损伤以及脑功能障碍的实践，但实践证明，即便到了近代，这依然是最富挑战性的领域。

法国哲学家勒奈·笛卡尔声称神经包含"动物精神"，思维和身体是彼此分开的独立实体，这就使人们对大脑及其工作机制的理解变得更为复杂。据说，笛卡尔为了获得用于解剖的人体而和教皇这样商量："我把一切和灵魂、思维或情感相关的留给神职人员，我只要求涉足和躯干相关的领域。"笛卡尔的二元论由此应运而生，该理论认为，非物质的精神（或者灵魂）独立于物质性的身体。

1875 年，英国科学家理查德·卡顿（Richard Caton，1842—1926）对狗和猴子进行了实验，他发现了大脑中不断变化的电流，这就证明笛卡尔有关神经含有"动物精神"的想法是错误的。如今，人们已经能够很好地证明，神经元（神经细胞）是通过电信号和化学信号实现沟通的。科学家也未能通过科学证明的方式找到非物质精神与物质性身体之间某个两者互相作用的交汇点，于是他们得出一条结论：精神并不能和身体分隔开来。同时，他们还赞成对意识做出物理的描述：现代神经科学的方法。

脑损伤进一步揭示了大脑的工作机制。1848 年，美国铁路工人菲尼亚斯·盖奇被一根钢管刺穿脑袋，却幸存了下来，这场事故损坏了他绝大部分的左前额叶。通过这个案例，人们搞明白了一点，人的部分性格是由大脑额叶控制的，这也间接引导人们启用了一种治疗抑郁和精神疾病的富有争议的方案——额叶切除术。此项手术将会切断往返于大脑额叶之间的联系，20 世纪早期，精神病院（"疯人院"）充斥着大量的住院病人，已经人满为患，于是这种额叶切除术在当时广为流行。到了 20 世纪 50 年代，各种精神抑制类药物在很大程度上取代了这种疗法。

俄罗斯生理学家、外科医生以及心理学家伊凡·彼德罗维奇·巴甫洛夫（1849—1936）通过对动物及人类行为实施的一系列实验揭示了大脑对刺激做出反应的机制。著名的案例是，他注意到，当给狗提供肉类食物时，它会出现分泌唾液的反射动作（正如一个饥肠辘辘的人看到美味鱼肉时，嘴巴里就会流出口水）。每次给狗喂食的时候，巴甫洛夫都会打响节拍器发出信号，然后他发现，即便在移除食物的情况下单单敲打节拍器，狗依然会分泌唾液——这说明，它已经学会对"条件刺激"做出反应。巴甫洛夫得出结论，条件反射是由某些生理行为所引发的——大脑皮质形成了新的反射性途径。

尽管有了种种发现，但人们在很长一段时间都未能了解神经系统的路径。西班牙医生圣地亚哥·拉蒙·卡哈尔（Santiago Ramóny Cajal，1852—1934）的工作在此方面有所突破，他也被誉为神经科学的创始人之一。基于意大利人卡米洛·高尔基（Camillo Golgi，1843—1026）开拓的染色技术，卡加尔对脑组织切片进行了一种镀银染色，这样他就可以仔细观察单个神经元（神经细胞）。他发现一个神经元有一个具有分支（树突以及轴突）的细胞体，脉冲就沿此从一个细胞传导到另外一个细胞。正如高尔基所想的那样，神经系统并非是一些排布在某个连续单一网络中的个体神经元，而是通过突触或者某些允许电信号或化学信号从某细胞传递到另一细胞的结构彼此相连的个体神经元。

卡哈尔的发现帮助我们重新定义了对脑回路的理解，也为人们针对脑肿瘤及脊髓肿瘤的后续研究奠定了基础。

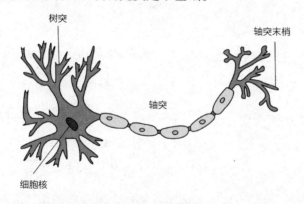

一个典型的神经元或者脑细胞。轴突通过突触将电脉冲从一个神经元传送
到另一个神经元，树突也通过突触从其他神经元处接收到脉冲。
人脑中的突触甚至比银河系中的恒星还要多。

20 世纪 70 年代，美国的神经药理学家甘德丝·柏特（Candace Pert，1946—2013）发现了意识的生化基础并由此一举成名。她发现了大脑的阿片受体——即大脑中内啡肽（作为身体止痛药或者"幸福制造器"的类蛋白分子）和脑细胞相结合的大脑区域。换言之，我们体内的化学物质也和情绪相关，这就表明，在分子层面，大脑和人体是完全整合而成为一个系统的：两者互相影响，不可分割。古希腊人以及全世界许多本土文化都认为情绪与健康之间拥有联系，20世纪的西方医学重新构建了这种联系。

## 史上第一种抗生素：亚历山大·弗莱明（Alexander Fleming）

在"前抗生素时代"，即便是最为微小的一处擦伤也有可能致命，相较于死于伤口本身，更多的士兵其实是因感染而丧命。这一切在1928年发生了彻底的改变，当时，苏格兰生物学家及细菌学家亚历山大·弗莱明确认了盘尼西林的杀菌特性，而这种药物是人类有史以来第一种抗生素，也是医学界最伟大的发明之一。它开启了医学发现的黄金时代，并挽救了数以百万计人的生命。

弗莱明在伦敦圣玛丽医院的工作是搜寻保护人体抵御细菌的新方法，他首先培育一些细菌令其生长，然后采用化学制剂杀死或削弱这些细菌，接着检测由此产生的疫苗。弗莱明的伟大发现可谓是一次偶然事件，当时他忘了给一个装有活菌的培养皿盖上盖子，把它留在自己的实验室里，就去休假了。当他回来的时候，培养皿中长出了多块不同的霉菌，他极具观察力地发现，其中有一块很特别，它貌似将其周围的细菌都杀死了。

这些霉菌是由极其微小的类似种子的孢子发展而来的，这些孢子飘浮在空气中，难以防备。研究者通常会丢弃那些遭受霉菌污染的样本，但幸运的是，弗莱明保留了样本，并且很快确认长出来的这团白乎乎毛茸茸的东西其实是一种青霉素，它普遍存在于土壤、腐败的水果以及面包中。弗莱明提取了一些"霉汁"（青霉素），经过多次测试之后发现，青霉素能够杀死或者抑制那些最为有害的细菌。

弗莱明试图从霉汁中提纯青霉素，并采用"抗生素"这个词对其命名，意思是"不利于生命"。不过，直到 1939 年真空冷冻干燥法发明以后，牛津大学的生化学家霍华德·弗洛里（Howard Florey，1898—1968）以及恩斯特·钱恩（Ernst Chain，1906—1979）才成功分离出了纯的青霉素。

弗莱明的发现完全改变了日常事故引发的致命风险，可能没有任何一组别的药物能像青霉素这样挽救了如此众多的生命。目前，人类已拥有超过 8000 种不同的抗生素用于对抗感染和抵御细菌引发的疾病，诸如胸部感染、脑膜炎和肺结核。然而，早在 1946 年，弗莱明就已经注意到，某些菌株能够迅速变化以抵御抗生素的作用，这一点在使用剂量较小或者过快终止用药的情况下表现得尤其明显，其实他预言了今天的"超级病菌"。抗生素并不能破坏病毒，因而也就对日常感冒这样的感染不起作用。

弗莱明从未就自己发明的青霉素收取过任何专利费用。美国的制药公司为弗莱明筹集了 10 万美元用以表彰他对科学的贡献，不过他将这笔资金捐赠给了自己的医学院作为研究经费。

# 亚历山大·弗莱明（1881—1955）

弗莱明是一名苏格兰农夫的儿子，他的第一份工作是在伦敦一家运输事务所担任职员。不过在1901年，他从一位舅舅那里继承到了一笔250英镑的高额遗产，于是他决定开始从事医生这份新职业。

毕业之后，弗莱明在伦敦圣玛丽医院的接种部担任细菌学家，同时也成为一名外科医生和医学作家。弗莱明在工作中不断寻找着乐趣，仅仅为了追寻美丽的颜色图案，他就培育了好多细菌，他还将其称为自己的"细菌绘画"。

在第一次世界大战期间，弗莱明和他的同事作为军医团的成员前往法国并在战地医院工作，1918年恢复和平之后，他又回到了实验室。弗莱明成为细菌学教授，仅在数周之后，他便启程和家人共度暑假，恰恰是假期归来回到实验室的时候，他有了杀菌性霉菌的传奇发现。

弗莱明是一个内向而且不善交际的人，而且也不擅长展示，其他科学家在此后多年内都忽略了这项发现，不过他最终还是获得了充分的赞誉。

纯青霉素被宣传为"特效药"，并于1943年开始批量生产，它随即在"二战"中挽救了成千上万士兵的生命。

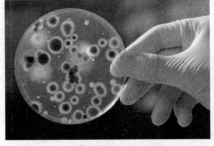

青霉素

## 分子病：莱纳斯·鲍林（Linus Pauling）

　　美国化学家莱纳斯·鲍林深深着迷于分子的结构，"二战"之后，他开始着力研究大生物分子。这些有机分子（碳氢化合物）构成了生物体的基本部分。鲍林的调查研究引领其发现了首例"分子病"：镰状细胞贫血。

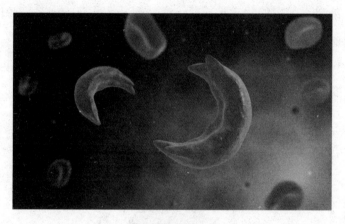

镰状细胞贫血

　　鲍林从一位医学专家那里得知，镰状细胞贫血的病因在于，患者的红细胞形状从圆饼状扭曲为镰刀状，于是鲍林开始着手检测红细胞——血红蛋白的成分。一年之后，鲍林和他的团队对血红蛋白分子施加一个电场，这些分子因带有电荷而被分离，他们由此获得了一个惊人的发现。镰状细胞血红蛋白分子较之于普通的血红蛋白细胞带有更多的电荷。这种可能由此类分子内细微差别引发的潜在致命疾病引发了高度关注，也引导人们开始了"分子病"领域的重要研究。

　　鲍林同事之后的工作证明，这种疾病具有遗传性，这就在分子医学和遗传学之间搭建了一座重要的桥梁。

鲍林认为，一旦人们了解某种分子病的分子结构，就能治愈它。这是医学的一大新兴领域，它将现代的医学实践和生物化学结合起来并致力于在分子层面治愈疾病。

鲍林还创造了一个新词"正分子医学"。它表达了一种理念，即通过确保体内拥有"恰当数量的恰当分子"来获得理想的身心健康。他认为，如果人体内的化学物质处于良好的平衡状态，那么就能优化对于健康而言必不可少的化学反应。

鲍林在自己身上做了测试，当他服用大剂量的维生素C时，感冒频率有所降低。他就该课题撰写了畅销书（这引发了其他科学家的批评）。自那时起，人们就膳食补充剂的效果开始了持续的研究，而膳食补充剂如今已经成为一大产业。

**首支抗小儿麻痹症的疫苗：乔纳斯·索尔克（Jonas Salk）**

20世纪40年代及50年代，脊髓灰质炎或小儿麻痹症的发病率不断攀升，美国的父母亲们对此十分惊恐。这种病毒会侵袭人体的神经系统，在每年夏季该病蔓延时期，美国每 5000 名儿童中就有一名因此致残或丧命。

乔纳斯·索尔克（1914—1995）是一名拥有正统犹太－波兰裔的美国微生物学家，他在数篇文章中就这个问题进行了探讨。享有声望的小儿麻痹症国家基金（现为"10 美分行动"基金会）被索尔克饱满的激情和热忱所吸引，为其探索治疗方法提供了几乎全部的研究基金。

从那时起，科学界就对索尔克心生反感。包括阿尔伯特·沙宾（Albert Sabin，1906—1993）在内的诸多科学家花费数年心血进行认真研究，但突然之间，初来乍到的一名新手却被赐予了几乎无限的金钱。

那个时候，绝大多数疫苗搜寻者的工作对象都是"活的"但是毒性已被弱化的脊髓灰质炎病毒，他们认为轻微感染该疾病是产生免疫力的唯一方法。索尔克通过自己对流感病毒的研究发现，某种"死亡"或者灭活病毒有时也能作为一种抗原触发人体的免疫系统生成抗体，一旦未来遭遇病毒侵袭，这种抗体既能予以攻击或破坏，同时这也能帮助病人规避明显的感染风险。索尔克最为重要的见解在于将此原则应用于小儿麻痹症并试图发现一种基于"死亡"病毒的疫苗。

索尔克用甲醛杀死了病毒，但充分保留了其激发免疫系统的完整性。他首先在猴子身上测试了他的疫苗，之后又以一小组人为测试对象。结果表明，这成功生成了抗体且未带来任何多余的不良作用。1954 年，他进一步对儿童进行了大规模的测试，到 1955 年 4 月，测试结果表明，他的疫苗是有效且安全的。

通常情况下，在向全世界宣布科学成果之前，首先应将其发表在学术期刊上，不过 1955 年，索尔克同意在发表成果之前先召开一场记者招待会。尽管并未声称这是个人的成果，但他发现自己一夜之间就成了媒体和公众的宠儿。不幸的是，这同时也意味着索尔克成了很多其他科学家眼中的小人，他们认为，索尔克并未给予该领域其他研究者足够的名望。

在普通人眼里，索尔克永远是那个击败了小儿麻痹症的人。他还拒绝为这支疫苗申请专利或从中谋取个人利益，这尤其为他赢得了公众的爱戴。

1958年，人们开始使用沙宾基于"活"病毒的疫苗。不同于索尔克只能通过注射方式接种的疫苗，沙宾疫苗可以口服，后期加强注射的需求也更少，于是它开始取代索尔克的"死"病毒疫苗。如今，人们通常连续使用这两种疫苗。

现在，索尔克生物研究院已成为分子生物学及遗传学领域一家享誉盛名的机构。

## 精神治疗：西格蒙德·弗洛伊德（Sigmund Freud）

弗洛伊德（1856—1939）出生于奥匈帝国的弗莱堡（现为捷克的普日博尔），他是家中七名孩子中最年长的一个，也最富智慧。弗洛伊德的父亲偏执，有点独裁主义，母亲体贴慈爱，他的家庭环境对其之后构建的系列理论起着重要作用。

作为毛织商人，这家人难以维持体面的生活，于是举家搬往了维也纳。弗洛伊德在让·马丁·夏科（1825—1893）的门下学医并专门攻读神经学，他的老师采用催眠术来治疗歇斯底里症。弗洛伊德很快意识到，电疗或催眠术的标准疗法并没有效，于是他取而代之地开始试验"谈心疗法"，即鼓励病人通过理性面对问题的方式述说他们的问题，接着对其行为做出必要的改变。弗洛伊德通过自由联想和梦的解析着手处理病人的神经症，他认为这能帮助人们洞察潜意识。工作的时候，弗洛伊德用可卡因来拓展思维，而且在某些时候，他显然对这种药物上了瘾。

1900年，弗洛伊德发表了自己有关精神分析的第一种方法。他的核心理论指出，潜意识是人类行为的驱动力，一旦社会习俗压制了原始冲动就会造成心理压力，继而引发紧张和压抑，而梦能提供一种自我认识的途径，人们可以在梦境中发现自己潜意识中的愿望，进而消除紧张。

四十多岁的时候，弗洛伊德集中精力探索了心理学并得出了几条普遍的结论，尤其值得一提的是，他指出性冲动是诸多神经症的源头。弗洛伊德对性问题进行探究，而且认为甚至连婴儿也受到性的驱动，更为广泛的科学界对此纷纷斥责，一段时间内，弗洛伊德不得不在孤立的环境中开展工作。不过到了1906年，他就获得了一批追随者，其中包括卡尔·荣格（Carl Jung，1875—1961）以及阿尔弗雷德·阿德勒（Alfred Adler，1870—1937）。1908年，首届精神分析大会在萨尔茨堡举行，随后不久，国际精神分析协会于 1910 年成立。

1933 年，希特勒的纳粹党在德国掌权，弗洛伊德的著作首当其冲被当众焚烧。五年之后，纳粹接管了奥地利并开始不断骚扰所有具有犹太血统的人，其中就包括弗洛伊德（虽然他是无神论者）。弗洛伊德下定决心，宁愿"死于自由"，于是 1938 年，他和家人离开故土，前往伦敦。

弗洛伊德罹患了喉癌，他做了多次并不成功的手术，不过最终他还是说服了自己的朋友——马克斯·舒尔医生——助他死去，舒尔给了他三剂吗啡，弗洛伊德就此平静地死于自己伦敦北部的家中。

**生殖医学：格雷戈里·古德温·平卡斯（Gregory Goodwin Pincus）**

人类历史上曾使用过各种不同的避孕方法，古埃及人曾用蜂蜜和合欢花叶制作子宫托，古希腊人采用某些具有避孕功效的植物，而 10 世纪的波斯人则采用大象粪便制作而成的子宫托。不过，天主教会在中世纪欧洲禁止采取避孕的种种措施，很多"女巫"也因实施堕胎或提供避孕草药而受到惩罚。

19 世纪，对出生率的控制关系到更高的生活水准以及更强的经济稳定性，于是对人口增长的管理成了一个政治问题。

1951 年，美国人格雷戈里·古德温·平卡斯（1903—1967）发明了避孕药，这项发明帮助解决了全世界的人口过剩问题，从而标志着计划生育的一大革命。它对妇女健康、女权问题、生育趋势、宗教和政治，当然还有成年人及青少年之间的关系与性行为都产生了重大影响——这项发明几乎渗透了我们社会生活的各个方面，无论从何种意义上看，它都是科学的一大突破性进展。

# 第七章

# 地质学和气象学：
## 自然的秘密

自文明诞生以来，人们从未停止过开采地壳的步伐。和地质学一样，气象学也有着古老的渊源，从古至今，大气和气候的变化一直影响着地球上的万事万物。

数千年来，地球起源的历史一直困惑着那些最伟大的思想家。就在两三百年之前，大多数人依然认为，我们所在的这颗行星仅仅只有6000年的历史。

18世纪，人们在此领域取得了新的进展，当时一名苏格兰科学家及乡绅詹姆斯·赫顿（James Hutton）指出，检测地球上的层状岩体将能揭示过去发生的事情，最终探知地球的年龄和起源。他所找到的证据显示，地球的年龄要比《圣经》中所描述的大得多。如今，我们估计，地球是在约46亿年前固化并成为一颗行星的。

自文明诞生以来，人们就从未停止过开采地壳的步伐，他们从中获得宝贵的金属和油页岩，罗马时代和工业革命时期在这方面取得了重要突破。有关矿物及其自然分布的精准知识对于商业采矿活动而言至关重要，这使得地质学成为一门颇受欢迎的研究学科。今天的地质学家已经能够系统而精确地在全世界的地层中识别与确认矿床。

地质学家可以找到证据，表明地球历史上曾经发生过某些事件，地震和洪水只是其中的一部分。而如今，人们则利用这些有关地球过往事件的知识来预测地球及其他行星上将会发生的事件。

和地质学一样，气象学或者说对地球大气的科学研究，也有着古老的渊源：纵观历史，各种文明曾经都需要预报天气。最近几年，理解并预测地球的大气变化以及气候变化对地球及社会的影响已经成为具有重大国际意义的事项。

亚里士多德

## 古人的地球观：亚里士多德和泰奥弗拉斯托斯（Theophrastus）

在公元前 4 世纪，古希腊学者亚里士多德曾经以地质学的思维记述过地球在漫长时间中的缓慢变化："如果海洋始终在一个地方前进，而在另一个地方后退，那么显然，地球上的同一个地方不可能总是海洋或者陆地，随着时间的推移，这一切都发生着变化。"

亚里士多德在著作《气象学》中就水循环做了一些最早有记录的

观察。他指出，水蒸气"在热的作用下，从洼地和有水的地方升起，由于负担过重，热无法将其抬得很高，很快就让它重新落下"。如今，人们将亚里士多德视为气象科学的创始人。

泰奥弗拉斯托斯（约公元前 371—前 287）是亚里士多德在雅典吕克昂学园的继任者，他根据诸如硬度以及受热后变化这样的特性对不同石头进行了首次分类。他撰写过一篇论文《论石》，恰如其名，他也在其中记录了古代世界对矿物的某些实际应用，比如制作玻璃、油漆或者石膏。

## 中国陆地的形成：沈括

在中世纪的中国，沈括（1031—1095）以提出真北的概念而闻名。沈括就土地结构的形成方式提出了人们已知的第一个假说（之后也被称为地貌学），他还对那些指示气候变化的化石植物（古气候学）进行了研究。

在走访太行山和雁荡山的过程中，沈括注意到，尽管这些地形距离海洋有数百英里之远，但他依然在某一特定地层或水平面中找到了一些贝壳化石。他由此得出一条结论，这个区域曾经必然是海岸或者水下，之后海洋发生了移动，这引导他提出一条假设，大陆必然是跨越十分漫长的时间才得以形成的，其间方能积累所有这些沉积物。这比詹姆斯·赫顿有关沉积矿床的开创性工作早了约650年。

在约1080年，沈括又有了进一步的发现，他在位于如今延安（位于中国陕西省的北部）附近的一条河流沿岸发现了一处滑坡，那里有一处大型地下洞穴，其中含有数以百计的竹子植物化石，但是竹子并不能在那个区域的干旱地带生长。沈括超越自己所处的时代，提出了气候变化的可能性："可能远古时期的气候和现在截然不同，这个地方曾经低洼、潮湿、阴暗，适合竹子的生长。"

## 采矿和矿物质：阿格里科拉（Agricola）

16世纪的德国东部，一位名为阿格里科拉的杰出化学家撰写了一本有关金属和矿业的教科书《论矿冶》，自老普林尼于约公元77年撰写《自然史》以来，这是西方世界有关冶金学及采矿工艺的最佳著作。

由于制作费用昂贵，配送又受到限制，因此人们将重要著作的一些副本配上链条置于教堂中，神父根据要求将其翻译成拉丁文。到了 1700 年，这本书已经以德语、意大利语及拉丁语印制了超过 12 种版本。1912 年，一名采矿工程师同时也是未来的美国总统——赫伯特·胡佛与妻子露·胡佛（一名地质学家及拉丁语学者）共同将这本著作首次翻译成英文版。

人们认为，阿格里科拉花了差不多 20 年时间才完成这本权威性著作。这套十二册书集囊括了采矿作业以及其他相关领域的具体流程和细节问题，包括：行政管理、矿物分析、工程建造、矿工疾病、地质学、市场营销、探矿、精炼、熔炼、土地测量、木材使用、通风和抽水——在当时，矿山排水是一个重大问题。

阿格里科拉还在著作《论自然化石》中以几何图形对矿物首次进行了科学分类。对于任何一名崭露头角的采矿工程师而言，这都是一本宝贵的指南。

1910 年的美国铁矿工

# 格奥尔格乌斯·阿格里科拉（1494—1555）

　　格奥尔格乌斯·阿格里科拉是格奥尔格·鲍尔的拉丁名，其中鲍尔（Bauer）意为农夫或农民。他出生时，欧洲的文艺复兴已然蓬勃发展，印刷机的发明推动了文化的发展也点燃了人们对于知识的渴求，全新的思维方式显然已成为阿格里科拉的灵感之源。

　　他课业成绩优异，后来在莱比锡大学攻读医学，并于1517年被授予学位。同年，马丁·路德在维滕贝格开始了反罗马天主教会的宗教改革运动。

　　阿格里科拉在阿希姆斯塔尔镇上成了一名执业医生，那个小镇当时是欧洲主要的采矿与熔炼中心之一，于是他在从医的同时有机会观察到各种采矿工艺和矿石处理技术。三年之后，他离开了这座小镇开始周游德国研究矿山，最后在位于萨克森州的开姆尼茨这座著名的矿业中心定居下来。那个时候，他已经出版了有关矿业和矿物学的数本著作，德国大部分地区的人都皈依了新教。阿格里科拉终生都是一名虔诚的天主教徒，出于抗议，他辞去了职务。人们认为，他是在和一名新教徒的激烈争论中丧命的。

## 宗教和科学的斗争：尼古拉斯·斯丹诺（Nicolaus Steno）

　　基督教信仰对17世纪西方有关地球起源的观念有着重要影响。英国神父及数学家威廉·惠斯顿（William Whiston，1667—1752）花费了大量时间试图找到《圣经》故事的科学解释。他提出，一颗彗星曾经撞击地球并引发了诺亚大洪水，而这些水反过来形成了地球的地理状况。他还预言，1736 年，地球将受到另外一颗彗星撞击而消亡，不过事实上这并未发生，这让普通大众松了一口气。

丹麦的先锋人物尼古拉斯·斯丹诺（1638—1686）陷入了这种宗教和科学之间的斗争。斯丹诺曾经以解剖学家身份成名，人们曾在意大利北部的一座滨海小镇附近捕捞到一条巨型鲨鱼，他就用收到的这条巨鲨的头部用于解剖和分析。斯丹诺注意到，它的牙齿类似于嵌在岩石层（地层）中的石质物，这引发他提出了一个想法，化石其实是多年以前被保存在岩石层中的生物体残骸。包括罗伯特·胡克在内的其他一些人也曾得出过相同的结论，但斯丹诺则更进一步。他提出，很多地层其实是沉积（颗粒沉积不断堆叠，最终固化形成岩石）的结果，对内嵌在不同地层中的化石进行研究可以向人们揭示地球上地质事件的编年史。这具有革命意义，他认为山脉是由地壳中发生的变化形成的——人们之前认为，山脉不过是和树木一样从大地中生长出来的结构。

斯丹诺跨出了伟大的一步，但是他严重低估了整个地质历史的时间跨度，当时的人们普遍认为地球有 6000 年的历史，他也认同这种源于《圣经》的观点。

最终，斯丹诺放弃了科学并从事神职工作。

## 现代地质学的创始人：詹姆斯·赫顿（James Hutton）

18 世纪地质学家詹姆斯·赫顿最伟大的成就在于证明了地球年龄远远大于《圣经》学者声称的 6000 年。他的观点深刻影响了查尔斯·达尔文进化论的构建。然而，赫顿并不能给出地球的精准年龄，因为这需要有关天然放射性元素衰变速率的知识，而那个时候，人们对放射性尚且一无所知。

18 世纪 80 年代，赫顿首先向爱丁堡皇家学会表达了自己的想法，在去世前两年的 1795 年，他最终出版了伟大的著作《地球论》。在此之前，人们已经对地球科学产生了一些兴趣，但是地质学作为一门独立的科学分支，几乎没有得到承认。

赫顿断言地球正在经历一种持续性的自我修复，他还提出了地质循环的概念，土地侵蚀之后，海床上的侵蚀物质形成了沉积。这些沉积颗粒固化形成沉积岩，继而上升形成新的陆地，之后又被再次侵蚀，这个过程就这样不断循环往复。

1787 年，赫顿在杰德堡的英芝伯尼的沉积岩中观察到了这个过程的证据，现在这也被称为"赫顿不整合"。翌年，他还在苏格兰边境贝里克郡的西加点（Siccar Point）找到了类似的证据。

赫顿对各式各样的岩层进行了广泛的实地调查并得出了结论，地质循环是一个极其缓慢的过程，因为在过去，该过程一定已经不确定地重复过几次。同样，赫顿没有发现任何证据表明这种周期性过程将会停止，于是假设这将无限期循环下去。

赫顿认为，这种相同的过程在漫长的时间里反复出现，如今的地壳特点由此形成，它也将在未来持续发挥作用并解释所有被称为均变论的地质变化。这构成了地质学的基本概念。

## 詹姆斯·赫顿（1726—1797）

詹姆斯·赫顿的父亲是一名爱丁堡的商人，他在赫顿还很年轻的时候就去世了。短暂担任一名律师的学徒之后，年轻的赫顿决定追随自己对化学的兴趣，他先在爱丁堡大学学医，继而在法国和荷兰开展研究。

然而，赫顿放弃了医学并重返家庭农场，他和一个朋友通过制造和销售卤砂筹集现金，这种产品由煤烟制作而成，当时流行将其用于烘焙食品，以此来增加脆皮。他为英国、法国、比利时以及荷兰的数次地质旅行筹措到了足够资金，之后在苏格兰启蒙运动恰值繁荣时期的 18 世纪 60 年代定居于爱丁堡。他的社交圈广泛，其中更包括经济学家亚当·斯密（1723—

1790）、哲学家大卫·休谟（1711—1776）、化学家约瑟夫·布莱克（Joseph Black, 1728—1799）以及赫顿未来的传记作家及科学家约翰·普莱费尔（John Playfair, 1748—1819）。赫顿、斯密以及布莱克共同创建了一家牡蛎俱乐部，他们在那里每周碰头探讨科学问题。此外，赫顿还是成立于 1783 年的爱丁堡皇家学会的创办成员。

受到周边环境的激励，加之他在爱丁堡及其周边目睹了各种引人注目的物理现象，赫顿开始着手撰写著作《地球论》。

## 气象科学：约翰·道尔顿（John Dalton）

18 世纪，人们通常还是以古老的神话理论来解释天气状况。那些研究大气的气象观察者或者气象学者往往是一些业余爱好者，他们对调节气候的科学现象并无多少了解，也不具备系统的研究方法。英国化学家及物理学家约翰·道尔顿在很大程度上转变了这种态度，并将气象学打造成了一项严肃的科学活动。

21 岁时，道尔顿开始持续记录自己观察和感受到的天气状况，他也终生保持了这个习惯。不过，道尔顿曾经尝试理解和解释这些天气变化，这就比多数气象观察者更进了一步。

1793 年，他在著作《气象观测和论文》中公布了自己有关风速及气压的记录，该书还探讨了大气中气体的不同反应并试图以此解释某些天气现象。这就蕴含了原子理论思想的萌芽，后者令其成为化学领域的先锋。

之后，道尔顿又对大气组成进行了气象学研究推论，并指出水在蒸发之后作为一种独立气体留在空气中。空气和水怎么会同时占据相同的空间，这个难题的解答又引领他实现了化学领域的另外一大突破：原子量。

道尔顿还在无意之间成为一名英国西北部湖泊地区山脉高度的专家，在当时，检测某海拔高度下温度及大气压力的唯一办法就是登山，用一个气压表来预估高度。如今，人们拥有了气象气球、遥控无人机和飞机，这就意味着，气象学家不必再如此身体力行了。

## 调查古生代：罗德里克·英庇·麦奇生

### （Roderick Impey Murchison）

在詹姆斯·赫顿揭示地球真实年龄之后没几年，另外一名苏格兰气象学家罗德里克·英庇·麦奇生（1792—1871）爵士就因其英勇无畏的地质野外探险和志留纪或地质时代的发现而声名鹊起。

麦奇生出生于一个古老的苏格兰高地地主家庭，他年仅四岁时父亲便去世了，之后，举家搬迁到了英格兰。年轻的麦奇生进入了军校并在半岛战争期间短暂从军，他随后迎娶了夏洛特·胡歌宁，事实证明，在麦奇生的整个职业生涯中，他的妻子极大程度地鼓励和启发了他。

这对夫妇游历了欧洲，之后搬到了伦敦，麦奇生在那里的皇家科学研究所参加讲座并和那个时代的著名科学家们充分交流，形成了一个圈子，其中就包括查尔斯·达尔文、查尔斯·莱尔（Charles Lyell，1797—1875）以及亚当·塞奇威克（Adam Sedgwick，1785—1873）。

在接下去的 20 年间，麦奇生几乎每个夏天都会穿越英国、法国以及阿尔卑斯山脉进行地质考察，而夏洛特则是一名化石搜寻者和地质艺术家。

1839 年，麦奇生出版了他的主要作品《志留纪》，其中详细描述了他在维尔市南部有关"硬砂岩"或古老板岩的研究工作，它们位于"老红砂岩"系列岩石的下方，可以一直追溯到古生代的早期（古生代意味着"古代生命时期"）。

绝大多数地质学家认为，这些板岩几乎不包含化石，但麦奇生则相信，它们可能蕴含着发现地球最早生命形式的钥匙。他以志留人命名该地层为"志留纪"，其中志留人是一支曾经生活在该地区的部落。麦奇生发现，志留纪标志着地球上生命历史的主要时期。

志留系最早可以追溯到 4.44 亿年前。该地质时期拥有独特的动物群（动物生命），即诸多无脊椎生物，同时也开始出现极少量的脊椎动物或陆生植物。

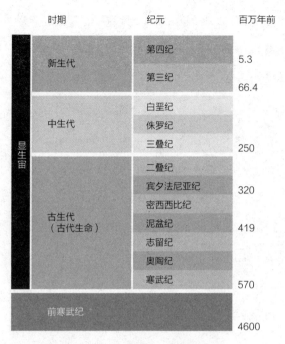

| 时期 | | 纪元 | 百万年前 |
|------|---|------|---------|
| 新生代 | | 第四纪 | 5.3 |
| | | 第三纪 | 66.4 |
| 中生代 | | 白垩纪 | |
| | | 侏罗纪 | |
| | | 三叠纪 | 250 |
| 古生代（古代生命） | | 二叠纪 | |
| | | 宾夕法尼亚纪 | 320 |
| | | 密西西比纪 | |
| | | 泥盆纪 | 419 |
| | | 志留纪 | |
| | | 奥陶纪 | |
| | | 寒武纪 | 570 |
| 前寒武纪 | | | 4600 |

显生宙

地球大约在 46 亿年前形成。根据化石记录，
地质学家以地球上生命进化过程中的重大变化为基础，将这 46 亿年细分为宙、代、纪。
不同地质时代之间的界限标志着物种大灭绝的时间。

　　麦奇生还和塞奇威克一起于英国西南部的德文郡和德国的莱茵兰地区构建了泥盆纪。类似于志留纪，泥盆纪也是古生代的一个区间。泥盆纪大约始于 4.19 亿年前，在志留纪之后约 2500 万年。由于老红砂岩和这个时期紧密相连，该时期有时也被称为"老红年代"，或者，人们也称其为"鱼类时代"，因为老红砂岩中发现的鱼类化石表明，泥盆纪的海洋中出现了上千种鱼类，这个时期也因此而闻名。同时，在这个时期中，鱼类也首次进化出了腿并开始在陆地上行走，而陆地开始被森林所覆盖。

　　该发现源于一场争论。麦奇生反对地质学家亨利·德·拉·贝彻

（Henry De la Beche，1796—1855）的观点并指出，志留系下方不可能存在煤炭，因为在其下方的地层必然比志留纪更为古老，而煤炭总是和较为年轻的岩石相关联。事实证明，麦奇生的见解是正确的：人们争辩的那些岩石并非属于前志留系，而是属于较新的泥盆系。

在爱德华·德·韦纳伊（Édouard de Verneuil，1805—1873）以及亚历山大·冯·凯泽林（Alexander von Keyserling，1815—1891）伯爵的陪同下，麦奇生在1840—1841年间前往俄罗斯进行了著名的远征探险。麦奇生以彼尔姆地区（靠近乌拉尔山脉）的地层为名定义了二叠系，该时期可以追溯到2.5亿—2.9亿年前。

## 菊石类：刘易斯·亨顿（Lewis Hunton）

刘易斯·亨顿（1814—1838）出生在英国东北的崎岖沿海地带，并在这里长大。他主导性地发展了这样一种理念，人们可以通过分析嵌在每个岩层中的化石对岩层或者说按时序排布的层系（地质层次）进行细分，并且发现各个岩层之间的相互关联。这种分析方法现在被称为生物地层学，它已成为现代地质学的一个基本领域。

赫顿的父亲曾在洛夫特斯明矾工厂工作，这家工厂以沿海地区高海崖中开采的页岩为原材料制作明矾并且产量丰富，纺织工业用这种明矾来固定染料颜色。毫无疑问，周边这种环境影响了年轻的赫顿，他在伦敦研读地质学和化石动物学并结识了一些杰出的科学家，其中就包括查尔斯·莱尔（Charles Lyel，1797—1875）。

1836年，赫顿向伦敦地质学会递呈了第一篇论文，其中的实地调查工作是在东北部的约克郡完成的。这些实地调查为赫顿的一个想法提供了证据，即某些化石品种，尤其是广泛存在于区域较下层侏罗纪岩石中的菊石类（已经灭绝的软体动物化石遗骸）仅仅占据了悬崖岩石中有限一部分纵断面，有时甚至仅仅只有数厘米之厚，这引导赫顿得出结论："菊石类为地层划分提供了最为美妙的阐述，因为在所有里阿斯属中，貌似它们是对外部情况变化应变能力最差的物种。"

赫顿还挖掘出了一块 5 米（6 英尺）长的大型侏罗纪海洋爬行动物（或者说鱼龙）化石，人们至今还能在惠特比博物馆目睹它的真容。

不幸的是，赫顿后来感染了肺结核并在 23 岁时便匆匆离开了人世，这使他原本大有前途的科学生涯戛然而止。

## 矿物分类：詹姆斯·德怀特·丹纳（James Dwight Dana）

美国人詹姆斯·德怀特·丹纳是一名地质学家、矿物学家和动物学家，他在 1838—1842 年间重要的美国探险之旅中起了关键作用。在对南太平洋进行地质考察期间，他就造山运动、火山岛、珊瑚以及甲壳纲动物搜集了极其广泛的信息。

丹纳的观察支持了查尔斯·达尔文的理论，即环礁是海洋岛屿下沉之后浅水区域珊瑚生长的结果。他们的观点和其他自然学家的见解相左，后者认为，浮游生物的碎片不断积淀导致了海底山脉的上升，而暗礁就生长在这些地方，这种意见分歧导致了一场激烈的科学辩论。直到 1951 年，海底钻井获取的证据方才证明，丹纳和达尔文的理论是正确的。

丹纳有关考察发现的报告帮助提升了美国在科学界的地位，而他提供的样本和藏品构成了美国的第一座国家博物馆。

不过，丹纳的主要贡献在于提出了一套矿物质的分类体系。他的方法类似于瑞典植物学家卡尔·林奈通过属和种对植物和生物进行分类所使用的方法。丹纳采用该方法，针对矿物进行了革命性的分类，他首先依照化学组成，继而根据矿物结构对其予以编排，比如说硅酸盐、硫酸盐或氧化物。丹纳的分级系统中共有四层：大类，主要基于化学构成；类，通常以原子特征为中心；族，基于结构；最后是个别的矿物种。

丹纳的分类体系是矿物学发展史上的一大突破，如今仍被人们普遍沿用。该体系非常灵活，人们可以将不断发现的新矿物纳入这个体系，只需将其插入相应的大类和类即可。

## 詹姆斯·德怀特·丹纳（1813—1895）

詹姆斯·德怀特·丹纳于 1830 年进入耶鲁大学，他的老师之一就是《美国科学杂志》的创始人——杰出的矿物学家本杰明·西利曼（Benjamin Silliman，1779—1864）。丹纳之后迎娶了西利曼之女亨丽埃塔。

毕业之后，丹纳的第一份要职是在美国一艘驶往地中海的舰艇上担任数学老师。他在那里观测到了维苏威火山的喷发，这使他能够将其和之后在南太平洋上观察到的火山活动进行对比。

1836 年，丹纳重回耶鲁并成为西利曼的助教。他 24 岁时便在著作《系统矿物学》中公布了自己的矿物分类。两年之后，他开始了美国探险之旅，之后又花了 10 年时间详细描写了他的各项发现，并于 1848 年出版了《矿物学手册》。该书至今依然是一本重要的参考工具书。

## 地貌是如何形成的：威廉·莫里斯·戴维斯
## （William Morris Davis）

地貌学或者说对地形的研究始于这名美国地理学家、地质学家和气象学家。

威廉·莫里斯·戴维斯（1850—1934）生于费城一个贵格会家庭，1870 年获得哈佛大学的工程硕士学位。当时，人们对地形地貌的演化过程及其特征性外观的形成知之甚微。戴维斯以"侵蚀旋回"的描述以及自己的研究和主张力图改变这一点，他继而凭借一己之力创建了地理专业。

戴维斯的前辈们认为，地形地貌完全是由其结构确定的，或者说是由《圣经》中的洪水创造的。戴维斯受到查尔斯·达尔文进化论的影响，就地形地貌的发展或演变提出了一套与达尔文大致相似的体系。在 1889 年刊登于《国家地理》的一篇名为《宾夕法尼亚的河流与山谷》的文章中，他构建了一个理论，即地貌经历了一个漫长和缓慢的循环，其中第一批山脉是由上升的陆地形成的，之后，在时间的长河里，它们遭受侵蚀创造出 V 形山谷。随着陆地的进一步演变，山谷变得越来越宽，于是形成了圆形的山丘。

年轻期：一块年轻的平原被深深的 V 形山谷割断。

成熟期：地形出现陡坡和最大限度的隆起，带有泛滥平原。

晚年期：侵蚀形成了宽谷，它们使得余留的小山丘变得平坦。

**威廉·莫里斯·戴维斯的地貌侵蚀的各个循环阶段**

戴维斯描述了地貌演变的三个变量：结构（岩石的形状及其抗侵蚀和抗风化的能力）；过程（诸如风化、侵蚀、水沉积的活动）；阶段（年轻期、成熟期与晚年期）。其中最后一个变量表明了侵蚀作用的持续时长。

尽管如今人们认为，普遍而言，这种想法过于简单，但是戴维斯地貌进化论的观点为人们理解地形地貌开启了一个新纪元。

## 富有开拓精神的女性地质学家：弗洛伦斯·巴斯科姆
### （Florence Bascom）

作为美国第一位专业的女性地质学家，弗洛伦斯·巴斯科姆无论在科学还是学术领域都可谓真正的女性先锋式人物。她拥有两项主要成就：首先，她在研究美国宾夕法尼亚山麓地带结晶所形成的岩石方面堪称权威；其次，她激励了新一代的女性地质学家拜其门下学习并追随她走上了同样的道路。

弗洛伦斯·巴斯科姆是幸运的，她的父母亲都很支持妇女权利。然而，她在1887年获得威斯康星大学地质学硕士学位后却遇到了一名反对男女同校制度的导师。她离开了大学，好在美国逐步向女性开放了机会的大门，她很快就前往位于马里兰州巴尔的摩的约翰霍普金斯大学攻读岩石学，这是一门研究当今岩石如何形成的学科。

1896年，巴斯科姆被任命为美国地质调查局的地质助理，她是有史以来第一名担任该职的女性，她还被派往马里兰州、宾夕法尼亚州以及特拉华州与新泽西州部分地区的大西洋中部山麓地带。她成了这个地区的专家，专门从事岩石学的工作。在夏季的几个月里，她绘制岩层、采集岩石薄片，到了冬天，她就对这些显微镜载玻片加以分析。她学习了解该地区复杂且高度变质的结晶岩，她的研究成果刊登在美国地质调查局的许多手卷和新闻简报中。1909 年，她晋升为调查局的正职地质学家。

巴斯科姆的出版物为其赢得了广泛的认可和尊敬，而她就该地区绘制的岩层地图为今后的许多研究奠定了基础。

## 弗洛伦斯·巴斯科姆（1862—1945）

无论在地质学还是高等教育领域，弗洛伦斯·巴斯科姆都为女性构筑了一条道路。1898 年，她被任命为宾夕法尼亚州布林茅尔学院的大学讲师，并于 1906 年成为该学院的正教授，这为该机构树立了国际声誉。她成为整整一代年轻女地质学家的良师益友，这些女地质学家中有三位追随她的脚步加入了美国地质调查局。

巴斯科姆一路走来并非一帆风顺。在约翰霍普金斯大学攻读博士期间，她不得不坐在一面屏风后面，这样一来，那些男同学就不知道他们正在和一名女性共同学习了。即便到了毕业的时候，她的学位也不得不通过"特别豁免"的方式方才予以颁发。约翰霍普金斯大学一直到 1907 年才正式接纳女性。

不过，巴斯科姆倒也因为自己不是正规登记在册的学生而享受了一点优惠，除了实验费以外，她不必支付学费。

## 大陆漂移说：阿尔弗雷德·魏格纳（Alfred Wegene）

德国地球物理学家及气象学家阿尔弗雷德·魏格纳提出了大陆漂移说并由此超越了自己所处的时代。

魏格纳最早的研究领域是天文学，不过自 1906 年起，他参与了前往格陵兰研究气候学的数次远征考察并对古气候学产生了日益浓厚的兴趣。1910 年，魏格纳观察到大西洋两岸国家的海岸线形状具有一致性，这一点在南美洲和非洲之间表现得尤为明显，由此他首次冒出了大陆漂移的想法。魏格纳指出，地球最初是单独的一块大陆，这是一块他命名为盘古大陆的"超大陆"，之后，大约在 2.5 亿年前的古生代后期，这块大陆分裂开来。在时间的长河里，这些部分彼此漂移，渐行渐远，他将这个过程称为大陆漂移。

其他科学家也曾想过，美洲和非洲是否曾经联结在一起，但他们认为，大西洋和印度洋是超大陆的几个部分经沉降而形成的。至于两块大陆上的化石、动物以及植物为何如此相似，人们还有另外一种理论，即巴西和非洲之间曾经存在着一座陆桥。

魏格纳的大陆漂移说令人满意地解释了陆地形状及动物之间的相似性，但人们还是对此充满争议，因为他并不能就此提供一个充分的形成机制。结果，在 1928 年举办的国际地质学家大会上，该理论在正式投票中被否决，20 世纪 50 年代前，该理论淡出了人们的视线。之后，古地磁学（研究地球磁场变化）这块新兴领域以及之后板块构造论的发展表明，"大陆一定曾经漂移过"，这点和魏格纳的说法相符。

## 阿尔弗雷德·魏格纳（1880—1930）

阿尔弗雷德·魏格纳出生于柏林并在那里获得了自己的博士学位，1905 年，他前往普鲁士皇家航空天文台附近工作，他在那里首次使用风筝和气球研究高层大气。翌年，他和弟弟库尔特两人乘坐高空气球连续飞行 52 个小时，这创造了世界纪录并由此在国际热气球大赛中胜出。

在格陵兰的远征考察中，魏格纳在此使用气球研究气候。在第一次世界大战期间，他曾担任下级军官，但由于受伤两次而长期请病假。之后，他在马尔堡和汉堡教授气象学，1924 年，他成为格拉茨大学的气象学和地球物理学教授。

1930 年，魏格纳正在第四次格陵兰远征考察的途中，于 50 岁生日当天进行了一次常规的供应检查，却再未能够回来。人们随后发现了他已被冻结的身躯，经考证，他死于心力衰竭。

## 新技术和气候变化

无人驾驶航空器的卫星成像和记录对于地质学和气象学都产生了重大影响，这为两大学科提供了一些全景全貌，这是科学家在数十年前不敢想象的。

如今，人们通常能够看到地质特征的全貌，即便是断层线以及由板块构造形成的变化也不例外，这能帮助地震学家更为精准地预测地震。另外，卫星图像还是一种勘探石油与天然气的高性价比方法。

借助绕地卫星，气象学家能够观测到更为广泛地域的天气模式，还能搜集地球及全球范围内气候的相关信息。多年下来，这些数据技能揭示了气候变化的踪迹。

绝大多数的气候科学家认为，当前正以前所未有的速度加快进程的全球变暖趋势貌似是由人为因素导致的，其中就包括诸如砍伐森林、燃烧矿物燃料以及使用化肥这些活动。升高的二氧化碳水平以及我们大气中的其他"温室气体"俨然成了一种保温毯，它吸收地球表面辐射的热量，又送返这些热量令地球变暖。自工业革命以来，二氧化碳水平已经上升了三分之一。

种种证据表明了气候变化，其中包括海平面升高、全球温度攀升、海洋变暖、冰原消融以及极端天气。

诸多气候科学家已然达成一项共识，气候变化正在发生，而地质证据显示，在未来一个世纪甚至短短数十年间，气候变化将以相对更快的速度发展。

无人驾驶航空器

# 译后记

　　古往今来，人类对于真理的探索和对知识的追求从未止步。不同的文明与时代源源不断地涌现出伟大的头脑和聪慧的领袖，他们充分挖掘自己的聪明才智，孜孜不倦地重复进行着理论推演、实验操作、远征考察、著书立说，甚至不惜为此奉献出自己的生命。这是一群富有远见卓识又不断推陈出新的人，实事求是和脚踏实地是他们的座右铭，勇于创新和敢于突破是他们的探路灯，没有他们坚持不懈的奋斗和开拓，人类就无法享受今日的科技文明成果。

　　这些最伟大的科学家不乏传奇的人生，他们有着多姿多彩的成长背景和生活环境，在求学和科研的道路上也充满奇闻趣事。本书作者从史上最伟大科学家的独特视角出发，按照科学门类向读者依次勾勒了天文学、数学、物理学、化学、生物学、医学、地质和气象学的发展史，在阐述各学科重要定律、原理、发现、发明的过程中穿插介绍了最伟大科学家的人物生平，他们不是一味呆板严肃的学究，而是充满个性魅力的学者，他们身上集中体现了人类的智慧和人性的光辉，但也不乏普通人惯有的弱点和缺陷。本书真实而又鲜活地再现了伟大科学家的人物形象，并以此为脉络呈现了一部极简科学史。

本书以简明易懂的方式融汇了各科学领域最重要的发展成果，辅之以生动的插图和人物描绘，读者能够轻而易举地纵览科学发展历程，也能收获不少科学方面的真知灼见。

分点岁差的概念是什么？日心说是如何取代地心说的？又是谁提出了宇宙大爆炸和黑洞的理论？天文学和宇宙学篇章将就此娓娓道来。

圆周率 Pi 的精确数值到底是多少？笛卡尔是如何发明沿用至今的笛卡尔坐标系的？费马最后定理的解答究竟经历了怎样漫长的过程？数学篇章将为你揭开这些谜团背后的故事。

牛顿在苹果落地的启发下提出的牛顿三大运动定律分别是什么？电磁学的发展经历了怎样有趣的实验操作过程？伦琴射线的发现如何推动了医学治疗的发展？开创量子理论、相对论、波动力学的伟大物理学家又分别是谁？物理学篇章将浓墨重彩地为您一一呈现。

你知道化学这个词源于炼金术吗？元素周期表是如何问世的？合成化学又给我们的日常生活带来了怎样的变化？您将在化学篇章中找到这些问题的答案。

界、门、纲、目、科、属、种的分类法源于何处？人类如何借助有丝分裂神奇地繁衍后代？DNA 的谜团又是如何得以解开的？生物学篇章将为您阐述这门与地球生命息息相关的科学。

古代的人们是如何凭借草药的力量治愈疾病的？根除天花的疫苗是如何被发明的？史上第一种抗生素——盘尼西林是如何被偶然发现并得

以广泛应用的？弗洛伊德的精神治疗又为医学进步做出了怎样的贡献？医学篇章讲述了一部人类为了追求健康而与疾病不懈斗争的历史。

现代地质学的创始人是谁？常常听说的侏罗纪和寒武纪到底距离我们有多遥远？大陆漂移说的提出和证实经历了怎样的过程？本书最后一章将就此为你答疑解惑。

揭开科学的神秘面纱，探秘科学家的真实生活，相信读者定会在阅读本书之后受益良多。深入浅出的叙述方式以及生动形象的插图诠释赋予本书很强的可读性，它不仅是一本适合青少年儿童阅读的科普类入门读物，而且也为科学家和教授学者探究科学发展史打开了一扇新窗户。同时，它也值得所有科学及科学史爱好者悉心品鉴。

作为译者，我在本书的翻译过程中查阅了大量文献资料，也请教了诸多专家学者，我对他们的帮助表示感谢。此外，我的父亲李水根先生和丈夫林怡飞先生也对全书进行了校审工作，并提出了一些宝贵的改进意见，我也借此机会向他们表达由衷的谢意。最后，我亦感谢我的儿子林嘉礼，他在肚子里陪伴着我完成了本书的翻译，这是对我最好的鼓励。

李一汀

2017 年 3 月 28 日

出品人：许　永
责任编辑：许宗华
特约编辑：陶禹函
责任校对：雷存卿
装帧设计：海　云
印制总监：蒋　波
发行总监：田峰峥

投稿信箱：cmsdbj@163.com
发　　行：北京创美汇品图书有限公司
发行热线：010-59799930